兽医临床诊断学教学设计

贺建忠　编著

中国林业出版社

内 容 简 介

本书集兽医临床诊断学教案、讲稿、课件和试题集于一体，对教师授课和学生学习具有积极的指导意义。其中，教案体现教学思路，讲稿展示授课内容，课件诠释教学方法，试题延伸知识结构。本书的每一讲均围绕兽医临床诊断学课堂教学的“三个步骤”和“三种方法”展开，既独立成章，又相互联系，是该课程课堂教学改革的一项重要成果。

图书在版编目（CIP）数据

兽医临床诊断学教学设计/贺建忠编著．—北京：中国林业出版社，2017.6（2018.1 重印）
ISBN 978-7-5038-9045-1

Ⅰ.①兽…　Ⅱ.①贺…　Ⅲ.①兽医学－诊断学－教学设计　Ⅳ.①S854.4

中国版本图书馆 CIP 数据核字（2017）第 125607 号

国家林业局生态文明教材及林业高校教材建设项目

中国林业出版社·教育出版分社

策划、责任编辑： 高红岩

电话：（010）83143554　　**传真：**（010）83143516

出版发行　中国林业出版社（100009　北京市西城区德内大街刘海胡同 7 号）
E-mail：jiaocaipublic@163.com　电话：（010）83143500
http：//lycb.forestry.gov.cn

经　销　新华书店
印　刷　三河市祥达印刷包装有限公司
版　次　2017 年 6 月第 1 版
印　次　2018 年 1 月第 2 次印刷
开　本　850mm×1168mm　1/16
印　张　15.5
字　数　340 千字
定　价　32.00 元

前　言

Preface

从教 12 年，兽医临床诊断学教案、讲稿所做的较大调整就有 6 次，其中的小修小改不下 10 次。每一次的修改都是一次全新的体验，每一次修改都伴随着课堂教学方法的改革。

最终的这一版，从形式到内容都做了很大调整。从形式上看，由原来的 16 讲（每讲 2 学时）拓展为现在的 32 讲（每讲 1 学时）；从内容上看，一是调整了部分内容的授课顺序，如心脏与血管检查之后，直接进入血液检查，突出了授课内容的相关性；二是补充完善了很多内容，如兽医临床诊断学发展简史和建立诊断等。之所以设计成每学时 1 讲，是因为精准地把握了授课内容和授课时间之间的关系，使各讲内容之间既相对独立，又互相联系。

本版在教案的设计上做了彻底的改革，其目的是贯彻近些年提出的兽医临床诊断学课堂教学的“三个步骤”（设疑、答疑、留悬念）和“三种方法”（像《围城》一样的比喻、像推理小说一样的结构、像“孔门问答”一样的互动）。兽医临床诊断学“三个步骤”和“三种方法”的提出与实施就是想让课堂教学变得生动、活泼、有趣，富有启发性，从而提高学生对本课程的学习兴趣，提升学习效果。与此同时，希望能够以此激发学生的专业学习热情，深化专业认识，对今后自己所从事的职业有一个比较清晰的认识。在讲稿上进一步完善了内容，订正了以前存在的错误和疏漏之处。

教案、讲稿和课件是一脉相承的备课体系。其中，教案是授课的总纲，体现教学总体思路；讲稿是授课的具体内容，体现知识的组织和衔接；课件是教师自我展示的舞台，执行教学思路，传授授课内容。三者互为依托，有序衔接，共同铸就了课堂教学的宏伟框架。为此，在兽医临床诊断学教案、讲稿即将出版之际，附加了兽医临床诊断学课件，作为教案和讲稿的必要补充。

除此之外，每讲之后增加了课后作业。作业的知识点在讲稿与课件的内容的基础上做了适当延伸，旨在拓展学生知识，启迪学生思维。在试题类型上，除了传统的名词解释、填空题、选择题、判断题和答题之外，还增加了病例分析题和作文题。其中，病例分析题力求与每讲内容相关，而作文题力求结合教学实际，从不同层面考查学生对课程、对专业、对职业和对人生的理解程度与思考能力。

本书的出版得到了“国家级动物医学实验中心”建设项目和“塔里木大学兽医学重点学科”建设项目的资助。

兽医临床诊断学教案、讲稿、课件和课后作业力求创新，力求符合教学实际，力求配合教学方法，但限于能力和水平，疏漏与不足之处在所难免，恳请广大读者批评指正！

贺建忠

2017 年 4 月

MP4

目　录

Contents

前　言
第 1 讲　兽医临床诊断学的本质 …………………………………………………………（1）
第 2 讲　兽医临床诊断学的发展史 ……………………………………………………（7）
第 3 讲　临床检查的基本方法 ……………………………………………………………（17）
第 4 讲　临床检查的程序和方案 …………………………………………………………（27）
第 5 讲　整体状态的检查 …………………………………………………………………（33）
第 6 讲　被毛和皮肤的检查 ………………………………………………………………（39）
第 7 讲　可视黏膜及浅在淋巴结的检查 …………………………………………………（45）
第 8 讲　体温、脉搏和呼吸数的检查 ……………………………………………………（53）
第 9 讲　心脏的检查（之一） ……………………………………………………………（61）
第 10 讲　心脏的检查（之二） ……………………………………………………………（67）
第 11 讲　血管的检查及采血与抗凝 ……………………………………………………（73）
第 12 讲　红细胞检查 ………………………………………………………………………（81）
第 13 讲　白细胞检查 ………………………………………………………………………（91）
第 14 讲　呼吸运动的检查 …………………………………………………………………（97）
第 15 讲　鼻液、呼出气体和咳嗽的检查 ………………………………………………（105）
第 16 讲　上呼吸道的检查 …………………………………………………………………（113）
第 17 讲　胸肺的视诊、触诊和叩诊 ………………………………………………………（119）
第 18 讲　胸、肺的听诊 ……………………………………………………………………（127）
第 19 讲　消化系统的一般检查 ……………………………………………………………（135）
第 20 讲　马属动物的胃肠检查 ……………………………………………………………（143）
第 21 讲　反刍动物的胃肠检查 ……………………………………………………………（153）
第 22 讲　犬、猫及猪的胃肠检查 …………………………………………………………（159）
第 23 讲　直肠检查 …………………………………………………………………………（165）
第 24 讲　排粪动作及粪便检查（附：肝、脾的检查） ……………………………（173）

第 25 讲　排尿动作及尿液的感官检查 ………………………………… (181)
第 26 讲　尿液的化学检查 ………………………………………………… (189)
第 27 讲　尿沉渣的检查 …………………………………………………… (195)
第 28 讲　泌尿器官及外生殖器检查 ……………………………………… (201)
第 29 讲　神经系统的检查（之一） ……………………………………… (207)
第 30 讲　神经系统的检查（之二） ……………………………………… (213)
第 31 讲　胸、腹腔穿刺液及肝、肾功能的检查 ………………………… (221)
第 32 讲　建立诊断 ………………………………………………………… (235)

第1讲

兽医临床诊断学的本质

兽医临床诊断学理论课教案

<table>
<tr><td colspan="2">讲　次</td><td>第 1 讲　兽医临床诊断学的本质</td></tr>
<tr><td colspan="2">教学内容</td><td>1. 兽医的本质
2. 兽医临床诊断学的本质
3. 兽医临床诊断学的相关基本概念</td></tr>
<tr><td rowspan="3">三条原则</td><td>设疑</td><td>1. 什么是兽医？
2. 什么是兽医临床诊断学？
3. 什么是兽医临床诊断学的三大内容？</td></tr>
<tr><td>答疑</td><td>1. 通过一则幽默故事引入兽医的本质
2. 通过课堂讨论解析兽医临床诊断学的本质
3. 利用层层推进的方法引导学生提出三大内容，并将基本概念融于其中</td></tr>
<tr><td>留悬念</td><td>1. 如何在兽医职业中发挥自己的特长？
2. 你是否想成为一名伟大的兽医？怎样才能成为一名伟大的兽医？</td></tr>
<tr><td rowspan="3">三种方法</td><td>比喻</td><td>1. 以笑话“兽医也是人”喻兽医的本质
2. 以“一种利器，一种工具”喻兽医临床诊断学的本质
3. 以“女人的特征”喻典型症状
4. 以“招牌动作”喻示病症状</td></tr>
<tr><td>结构</td><td>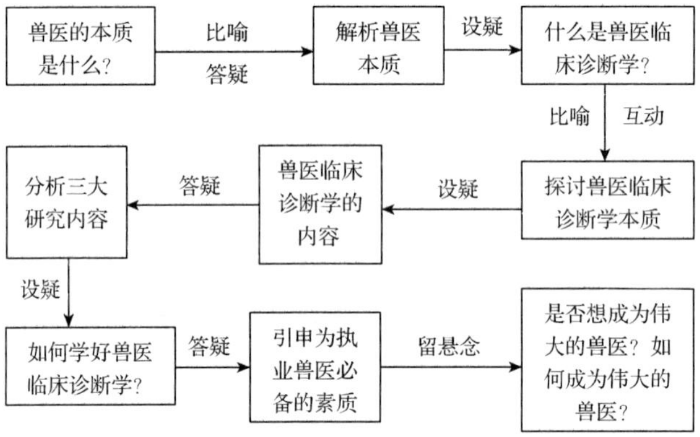
</td></tr>
<tr><td>互动</td><td>兽医临床诊断学的本质</td></tr>
<tr><td colspan="2">教学后记</td><td></td></tr>
</table>

一、兽医临床诊断学概念

1. 概念分解

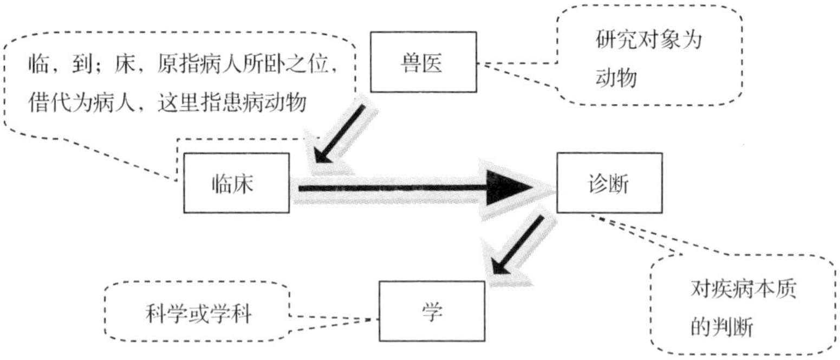

2. 概念综合

兽医临床诊断学（veterinary clinical diagnostics）：以各种畜禽为研究对象，从临床实践的角度，研究其疾病的诊断方法和理论的学科。

二、诊断学的内容

1. 方法学（methodology）

（1）一般方法　问诊、视诊、触诊、叩诊、听诊及嗅诊。

（2）实验室检查　血常规、尿常规、粪常规、胸腔和腹腔的穿刺液检查等。更广义上的检查还包括细菌学检查、病毒学检查、血清学检查、免疫学检查、营养分析毒物检验、尸体剖解及病理组织切片等。

（3）特殊检查　X射线、超声波、心电图及内窥镜等。

2. 症状学（semeiology）

症状（symptom）：是动物患病后经过检查所发现的机能异常和病理现象。

（1）主要症状（cardinal symptom）和次要症状（minor symtom）　主要症状是对疾病有诊断意义的症状，如支气管炎的症状有体温升高、咳嗽、流鼻涕和胸部听诊出现啰音等，其中胸部啰音是主要症状，其他的都为次要症状。

（2）经常症状和暂时症状　整个疾病过程中经常固定出现的症状为经常症状，而仅出现在疾病的某一个时期，或在某些因素的影响下才出现的症状为暂时症状。

（3）典型症状（classical symptom or typical symptom）　能反映疾病临床特征的症状，但不能确定其疾病性质，如胸膜炎时的腹式呼吸、胸膜摩擦音、胸肺部叩诊的水平浊音。

（4）示病症状　能确定疾病的性质，如三尖瓣闭锁不全时的颈静脉阳性搏动，以及大叶性肺炎时的铁锈色鼻液等。

(5)前驱症状(precursory symptom)和后遗症状(sequelae) 前驱症状指主要症状未出现之前的症状；后遗症状是指原病基本已复，而留下的某些不太正常的现象。

(6)综合征(syndrome)(症候群) 症状有规律地同时或按一定的顺序出现，如肉鸡肺动脉高压综合征、奶牛卧倒不起综合征等。

3. 预后(prognosis)

对疾病的持续时间、可能的转归及动物的生产能力、经济价值做出判断。

(1)预后良好(eusemia) 可完全恢复。

(2)预后不良(prognosis mala) 不能完全恢复。

(3)预后慎重(guarded prognosis) 是指预后的好坏依病情的轻重、诊疗是否得当及个体条件和环境因素的变化而有明显的不同。

(4)预后可疑(suspicious prognosis) 病情处于转化阶段，不能确定。

三、建立诊断的方法论

(1)症状诊断(symptomatic diagnosis) 利用短暂时间出现的症状经过客观分析做出的诊断。

(2)病因诊断(etiological diagnosis) 就是研究引起疾病的原因而做出的诊断，如结核病、硒缺乏等。

(3)机能诊断(functional diagnosis) 对各个器官的机能进行检查，根据结果推测、分析所做出的诊断。

(4)病理剖检诊断(pathologicoanatomic diagnosis) 将死亡的动物或病畜体内的各种组织器官，进行肉眼或组织学检查，确定疾病的部位和形态变化的诊断。

(5)治疗性诊断(therapeutic diagnosis) 某些疾病在难以确诊的情况下，可按预想的疾病进行实验性治疗，再进一步观察做出结论。

课后作业

一、名词解释

1. 兽医临床诊断学 2. 症状 3. 典型症状 4. 主要症状 5. 经常症状 6. 前驱症状 7. 后遗症状 8. 症状诊断 9. 治疗性诊断 10. 病因诊断 11. 预后 12. 预后慎重 13. 预后可疑 14. 综合征 15. 示病症状 16. 预后良好 17. 机能诊断 18. 病理剖检诊断

二、填空题

1. 预后可分为________、________、________和______4 种。

2. 兽医临床诊断学包括______、________和________3 部分

内容。

3. 诊断方法通常可分为______检查、________检查和______检查。

4. 特殊检查包括______、________和________等检查方法。

5. 症状可分为主要症状和__________，经常症状和________，典型症状和__________，前驱症状和__________。

三、选择题

1. 能确定疾病性质的症状是(　　)。

A. 主要症状　B. 经常症状　C. 典型症状　D. 示病症状

2. 叩诊肺部出现的弓形浊音区是大叶性肺炎的(　　)。

A. 示病症状　B. 典型症状　C. 主要症状　D. 经常症状

3. 犬瘟热经治愈后往往会出现一种“转圈”的神经症状，这种症状属于(　　)。

A. 典型症状　B. 示病症状　C. 前驱症状　D. 后遗症状

4. 对于营养缺乏症而言，常用的有效诊断方法是(　　)。

A. 症状诊断　B. 病因诊断　C. 治疗性诊断 D. 机能诊断

5. 犬细小病毒病是对幼犬危害最严重的疾病之一，常因病犬年龄、治疗是否及时、补液是否充足、用药是否恰当、有无寄生虫感染等因素不能准确地判断治疗效果，这种情况属于(　　)。

A. 预后良好　B. 预后不良　C. 预后慎重　D. 预后可疑

四、判断题

1. 根据典型症状可以确定动物所患疾病的性质。(　　)

2. 预后慎重是指病情处于转化阶段，不能确定。(　　)

3. 暂时症状是指出现时间很短的症状。(　　)

4. 临床生化检查属于特殊检查。(　　)

5. 主要症状和次要症状统称为综合征。(　　)

6. 兽医临床诊断学只专注于诊断，预后不是诊断的内容。(　　)

五、问答题

1. 兽医临床诊断学由哪3部分组成？各部分内容之间有什么内在的联系？

2. 怎样的诊断才叫正确诊断？

六、病例分析题

博美犬，白色，3岁，雄性，体重4.2kg。1d前，主人给该犬喂食鸡骨头，之后出现不适，如鲠在喉，遂来就诊。主人怀疑鸡骨头卡在食道，因此临床检查着眼于此。触诊食管无异常，经X线检查及内窥镜检查，均未发现阻塞物。依据临床经验，兽医认为不是异物所致，所谓的“咔咔”声，虽像异物鲠喉，实则只是咳嗽。因此开出以下处方：速诺(阿莫西林克拉维酸钾)0.5mL，皮下注射；甘草片2

片，口服；连用5d。第二天就诊，症状减轻，3d后，症状消失。

(1)试分析该犬可能患有什么病?

(2)很多时候，主人提供的病因看似真正的病因，实则只是巧合。临床上如何判断主人所提供信息的有用性或准确性?

七、专业作文题

你是否想成为伟大的兽医?怎样成为一名伟大的兽医?请写一篇不少于500字的作文，题目自拟。

第2讲

兽医临床诊断学的发展史

兽医临床诊断学理论课教案

讲　次		第 2 讲　兽医临床诊断学的发展史
教学内容		1. 兽医临床诊断学的发展史 2. 执业兽医的从业要求 3. 课程的综合考评体系
三条原则	设疑	1. 兽医临床诊断学根生于何处，源起于何时？ 2. 什么是执业兽医师？执业兽医师与师生之间的关系如何？ 3. 在你所学过的课程中，哪一门具有最复杂的课程考核方式？
	答疑	1. 以进化树的方式解决兽医临床诊断学的发展脉络问题 2. 以讨论的方式阐明兽医临床诊断学在执业兽医中的地位 3. 以讨论互动的方式引出该课程全新而独特的考核方式
	留悬念	1. 兽医临床诊断学今后会向哪些方向发展？ 2. 你认为执业兽医的从业要求还有哪些？ 3. 兽医临床诊断学的 6 项基本功是什么？
三种方法	比喻	1. 以“分久必合，合久必分”喻兽医临床诊断学发展的双重脉络 2. 以“治病不救人”喻执业兽医师的本质所在 3. 以“通关”喻兽医临床诊断学课程综合考评体系
	结构	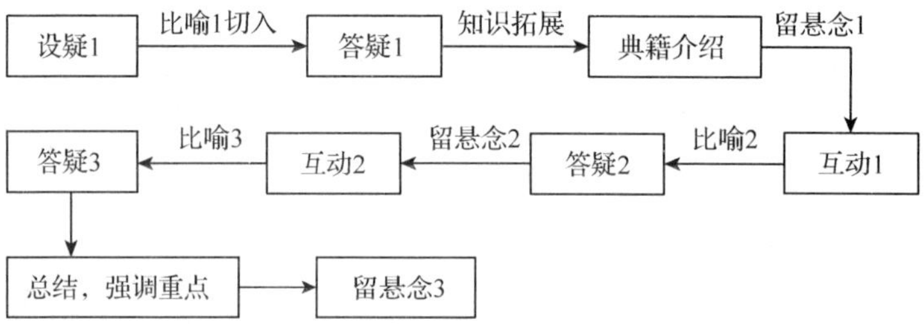
	互动	1. 讨论什么是执业兽医 2. 讨论课程考核方式
教学后记		

一、兽医临床诊断学发展史

1. 兽医临床诊断学的发展脉络

(1) 中国兽医的发展脉络

① 1 万年前：火、石器和骨器的发明，产生了温热疗法、针灸术。内蒙古多伦县头道洼新石器遗址中出土的砭石，具有切割脓疡和针刺两种性能。

② 殷商：马已用于拉车和骑射。出土的甲骨文有关于马病的记载，而且具有了原始的阉割术。

③ 西周至春秋：设有专职兽医诊治“兽病”和“兽疡”，并已经采用灌药、手术及护养等综合医疗措施；已开始肉食品检验。

④ 战国至秦汉：为兽医学奠基时期。出现专治马病的马医；关于家畜疾病的记载繁多；《黄帝内经》的出现，为中兽医学奠定了理论基础；《神农本草经》的出现，提供了人畜通用药物的药性和药效；著作有《相六畜》《马经》《牛经》《马医》和《牛医》等。

⑤ 晋朝：《肘后备急方》提出治六畜的处方。

⑥ 北魏：《齐民要术》载有家畜 26 种疾病的 48 种疗法，其中记载有掏结术、削蹄法、猪羊阉割术以及关于家畜群发病的防治隔离措施等。

⑦ 梁代：《伯乐疗马经》。

⑧ 隋朝：《疗马方》《伯乐治马杂病经》《治马经图》《马经空穴图》《杂撰马经》和《治马牛驼骡等经》等。

⑨ 唐朝：中国兽医教育的开始，唐神龙年间太仆寺中设有“兽医六百人，兽医博士四人，学生一百人”；唐贞元时，日本兽医平仲国等人到中国留学；《司牧安骥集》对中国兽医学的理论及诊疗技术有比较系统的论述，也是中国最早的一部兽医教科书；《新修本草》收载药物 844 种，为中国古代较为完备的一部人畜通用药典。西藏有《论马宝珠》和《医马论》，新疆出现《牛医方》。

⑩ 宋元时期：宋代开始收养病马，即兽医院的开端；出现最早的解剖机构“皮剥所”；出现了最早的兽医药房；专著繁多，有《安骥集》《明堂灸马经》《相马病经》《疗驼经》和《师旷禽经》等。元代卞宝著有《痊骥通玄论》，对基础脏腑病理及一些常见多发病的诊疗，进行了总结性的论述。

⑪ 明清：明朝开始基层兽医培训；《元亨疗马集》是国内外流传最广的一部中兽医学代表著作；《本草纲目》为兽医提供极其丰富的医药知识。清朝对《元亨疗马集》进行了改编、选辑和充实；《活兽慈舟》对黄牛、水牛、猪、马、羊、犬、猫等家畜的 240 种病症均有论述；《猪经大全》有 48 种猪病的疗法，并附有症状图。

⑫ 1904 年：北洋马医学堂创办，聘请国外的教师传授西方兽医理论和技术知识。

(2) 国外兽医学的发展脉络

① 公元前 5~4 世纪：古希腊名医 Hippocrates 开始以视诊、触诊和直接听诊为主要诊断手段，并通过直接听诊发现了胸膜摩擦音和肺部啰音。

② 公元 2 世纪：罗马名医 Galen 建立了系统脉搏学说，奠定了神经支配的分布在诊断中的作用的理论基础，首创了直肠和阴道内镜。

③ 公元 17 世纪：在文艺复兴运动的影响下，破除旧律和传统束缚，获得了蓬勃发展。

④ 公元 18 世纪：伴随着物理、化学和生物学的发展，诊断方法得到了充实和发展。

⑤ 1761 年：奥地利医生 Auenbrugger 发明叩诊方法。

⑥ 1816 年：法国医生 Laennec 首创了木制单筒听诊器，著有《医学听诊法》。

⑦ 1828 年，法国医生 Piorry 创建了间接叩诊法。

⑧ 1888 年，Bazzi Bianchi 发明了双耳件软管听诊器，明显提高了效果。

⑨ 近现代：先进仪器设备的发明和应用，以及分子诊断技术的渗透，使得诊断的准确性越来越高。

2. 国内兽医学名著概述

(1)《黄帝内经》 分《灵枢》和《素问》两部分，为古代医家托轩辕黄帝名之作，为医家、医学理论家联合创作，一般认为成书于春秋战国时期。在以黄帝、岐伯、雷公对话、问答的形式阐述病机病理的同时，主张不治已病，而治未病，同时主张养生、摄生、益寿、延年，它是中国传统医学四大经典著作(《黄帝内经》《难经》《伤寒杂病论》《神农本草经》)之一，是我国医学宝库中现存成书最早的一部医学典籍，是研究人的生理学、病理学、诊断学、治疗原则和药物学的医学巨著。其在理论上建立了中医学上的“阴阳五行学说”“脉象学说”“藏象学说”等。

(2)《肘后备急方》 该书主要记述各种急性病症或某些慢性病急性发作的治疗方药、针灸、外治等法，并略记个别病的病因、症状等。书中对天花、恙虫病、脚气病以及恙螨等的描述都属于首创，尤其是提倡用狂犬脑组织治疗狂犬病，被认为是中国免疫思想的萌芽。该书有明、清版本 10 余种。1949 年后有影印本和排印本。

(3)《齐民要术》 是北魏时期的中国杰出农学家贾思勰所著的一部综合性农书，也是世界农学史上最早的专著之一，是中国现存的最完整的农书。书名中的“齐民”，指平民百姓；“要术”指谋生方法。

《齐民要术》大约成书于北魏末年(公元 533—544)，《齐民要术》系统地总结了 6 世纪以前黄河中下游地区农牧业生产经验、食品的加工与贮藏、野生植物的利用等，对中国古代汉族农学的发展产生有重大影响。由于汉族劳动人民积累了数千年的耕作经验，留下了丰富的汉文农学著作。

(4)《司牧安骥集》　一般认为是唐代李石(？—845)所撰。李石 818 年进士及第，官至尚书右仆射、宰相等职。本书是他在 838 年前后任行军司马时，收集当时医治马病的重要论文汇编而成。原书早佚，最早的新刊校正本刊于刘齐阜昌五年(1134)，时未题作者和写作年代。《宋史·艺文志》医书类始有《司牧安骥集》三卷，又有《司牧安骥方》一卷，撰人题李石，其卷数与刘齐所刊四卷相同。元代增补为八卷本，曾翻刊多次，为明代以前学习兽医者的重要教材，并曾流传国外。日本在 1000 年即梓行了《伯乐针经》和《司牧安骥集方》；1604 年又梓行《假名安骥集》。本书卷一收有相良马图、相良马论、相良马宝金篇及伯乐针经、王良百一歌和伯乐画烙图歌诀等文献；卷二有马师皇五脏论、马师皇八邪论、起卧入手论、造父八十一难经和看马五脏变动形相七十二大病等篇；卷三收天主置三十六黄病源歌、岐伯疮肿病源论、三十六起卧图歌；卷四选录了治骡马通用的经验效方 25 类，药方 143 个。

(5)《痊骥通玄论》　编纂沿革《痊骥通玄论》一书，见载于《元史新编艺文志》，称《马经通元方论》。《补辽金元艺文志》所载书名与此相同。在《国史经籍志》中有“《马经通元方论》六卷，卞管勾集”等记载。也有的称本书为《司牧马经痊骥通元论》(见《四部总录医药编》)。虽名称不同，但书确为一。明代正德元年(公元 1506)刊印时称本书为《痊骥通玄论》，故多从之。本书作者卞管勾，即元代兽医卞宝。浙江《采集遗书总录》中明确指为“卞宝辑”。《元亨疗马集》在收载起卧入手论时，标题上就冠有“卞宝”。“管勾”是当时一种小吏的名号，意思是管事。本书的主要内容在明代杨时乔等所纂的《马书》中有收录，其卷十一就是“痊骥通玄三十九论”和“痊骥通玄四十六说”。但内容多有删节，“三十九论”中的二十七至三十三论，“四十六说”中的一至十五论和四十论，都只有标题，没有释文(据北京图书馆藏本和吴学聪点校本)。1959 年，崔涤僧氏在校订本书时，就是以《马书》为底本。

(6)《元亨疗马集》　是祖国兽医学宝库中内容最丰富、流传最广的一部兽医经典著作。清代至今俗称《牛马经》，原系明朝南直隶庐州府六安州(今安徽六安县)喻本元、喻本亨兄弟两人所著，自明代万历戊申(1608)年初梓(按丁宾序言“近梓其治疗图方”一句确定)以来，至今已经 400 年。作者兄弟都是当时的名兽医，精通业务，文化较高，此书问世后，成为当时一部总结性的兽医经典，普遍传布，明、清两代不断翻刊，并次第流传到日本、朝鲜、越南以及欧美各国，对中国和世界兽医学的发展有较大的影响。

据丁序本中《疗马集》分春、夏、秋、冬 4 卷，112 图，3 赋，150 歌，300 余方；马有三十六起卧，七十二症。《疗牛集》分上、下两卷，牛有五十六病。附《驼经》一卷，驼有四十八病。全书叙说详尽，尤以马经为最。内容以临症诊疗为核心，用问答、歌诀、证论及图示等方式论述马、牛、驼的饲养管理，牛马相法，脏腑生理病理，疾病诊断，针烙手术，去势术，防治法则，经验良方和药性须知等。其中，如“脉色论”“八证论”“疮癀论”及“起卧入手论”等篇，有独到的医理见解；针药方剂，都出于实践；至于“七十二症”更是作者详引经典并结合自己的经验体会，阐明各症的病因、症状，指出诊疗和调理方法，为防治马病的经验结晶。此书实用性很强，对每种疾病除以“论”说明病因、以“因”描述症状、以“方”对症治疗外，又将大部分主要内容编成“歌”或“颂”，便于农民记忆、掌握和运用，因而流传极广，成为民间习见的一部中兽医书籍，至今仍有很高的参考价值。

(7)《猪经大全》　系 1956 年在贵州省发掘的一部中兽医古籍，由遵义市枫香区中兽医诊所兽医彭遂才献出，以后又陆续在桐梓县杨绍钦处发现合川云门镇刘双合书店印的《增补猪经大全》、瓮安县中兽医张显芳珍藏本，经贵州省兽医实验室整理点校，以手抄本形式于1960 年影印出版，1959 年 10 月北京农业大学(现中国农业大学)于船教授为该书作序。1979 年贵州人民出版社出版经贵州省、江苏省畜牧兽医研究所刘新淮、邹介正等人的注释本。

《猪经大全》作者姓名已佚，成书年代不详，但据遵义彭藏本有“壬辰年六月李德华、李时华敬录”推测，本书至少在清光绪十八年即 1892 年以前刊印发行，是中国传统兽医学古籍中现存唯一以论治猪病为主的著作。该书正文对 50 个猪病提出了治法，并附图。附录部分有：遵义彭藏本《猪经大全增补部分》“壬辰年六月李德华、李时华敬录”“太医院李老师玉生增方敬录”，桐梓县杨藏本合川云门镇刘双合书店《增补猪经大全》附方摘要。

(8)《活兽慈舟》　该书是一部综合性的兽医专著古籍，清代李南晖撰，经夏慈恕(西园氏)整理补充，于清同治十二年(1873)刻版印行。曾在四川省南部一带广为流传。该书介绍的家畜种类较多，资料较为完整。其中，黄牛、水牛约占全书篇幅 1/2 以上，其次为马、猪、羊、犬、猫等。对每一种家畜，均先论其饲养管理、外貌鉴定，然后按心、肝、脾、肺、肾各经病症论治。全书共收集各种病症达240 余种，使用方剂、单方 700 余个，处方用药多以中草药为主，尤为重视引经用药。并载有针灸技术的配制药条灸的烧药法、论针法和造药针法。按中兽医理、法、方、药分析，绝大多数是可仿行的，其中不少方药现在仍有实用价值。该古籍经由四川省畜牧兽医研究所整理校注，并附录“本书所用草药查对”。

二、课程的学习要求（执业兽医的从业要求）

1. 精通理论

（1）精通专业基础课理论　精通解剖学、组织胚胎学、生理学、生物化学、兽医微生物及免疫学、兽医药理学、兽医病理学等各科知识，并且能够融会贯通，能够利用上述知识对疾病的诊断做出有理有据的解释。

（2）精通专业课　精通兽医内科学、兽医外科学、兽医产科学、中兽医学、动物传染病学、家畜寄生虫病学等课程，熟悉各疾病的具体诊断方法，并能够借助兽医临床诊断学的知识将其与基础课充分联系起来。

（3）精通执业兽医法　诊断要在执业兽医法的范围内进行，养成良好的职业道德。

2. 勤于实践

（1）勤于生产实践　诊断技术必须在实践中予以印证和总结，才能有所提高，脱离了实践，一切诊断不过是空谈。

（2）勤于统计分析实践　要经常接触病例、分析病例、反思病例，分门别类地统计病例更有助于诊断思维的提高。

（3）勤于知识更新实践　要经常阅读文献，关注新病的发展情况，旧病的死灰复燃情况，诊断技术的进步情况以及治疗手段的发展情况等，才能使诊断技能和思维保持与时俱进。

3. 善于推断

（1）善于在诊疗中推断　在诊疗过程中，要明察秋毫，不放过任何蛛丝马迹，并充分调动兽医理论知识，做出最恰当的推断。

（2）善于在诊疗后推断　诊疗后，还要反复思索，用心思考，回想推理是否缜密，诊疗措施是否得当，观察过程有无遗漏，问诊当中是否全面等，如此而为，精益求精，才能切实提高自身的诊断能力。

三、参考教材

[1]刘建柱．动物临床诊断学．北京：中国林业出版社，2013.

[2]郭定宗．兽医实验室诊断指南．北京：中国农业出版社，2013.

[3]韩博．动物疾病诊断学．2 版．北京：中国农业大学出版社，2011.

[4] 王哲，姜玉富．兽医诊断学．北京：高等教育出版社，2010.

[5] 王俊东，刘宗平．兽医临床诊断学．2版．北京：中国农业出版社，2010.

[6] 邓干臻．兽医临床诊断学．北京：科学出版社，2009.

[7] 刘宗平．兽医临床症状鉴别诊断学．北京：中国农业出版社，2008.

[8] 王俊东，刘宗平．兽医临床诊断学．北京：中国农业出版社，2004.

[9] 李毓义，张乃生．动物群体病症状鉴别诊断学．北京：中国农业出版社，2003.

[10] Peter G. G. Jackson, Peter D. Cockcroft. Clinical Examination of Farm Animals. Blackwell Science Ltd, 2002.

[11] 东北农业大学．兽医临床诊断学．3版．北京：中国农业出版社，2001.

[12] W. R. Kelly. Veterinary Clinical Diagnosis. Baltimore: the United States of America by the Williams & Wilkins Company, 1967.

四、课程综合考评方式

成绩构成	内容	比例	考评目的	考评方法
期末成绩（50%）	期末考核	50%	考查学生对基本知识的掌握程度和对基本知识的应用能力	开卷考试，30%的执业兽医资格考试题型，其余均为开放性试题，主要考查学生对知识的理解和对兽医临床诊断相关问题的思考
平时成绩（50%）	课堂提问	10%	考查学生的学习态度和对所学基本知识的掌握程度	包括课前提问、课堂提问和课堂讨论
	课后作业	40%	考查学生的逻辑推理能力和诊断思维，以及思考、总结能力	视具体情况，分别采取批改作业、课堂提问和课堂讨论的方式进行

课后作业

一、名词解释

执业兽医

二、填空题

1. 据出土的甲骨文记载，原始的阉割术始于________。
2. 新石器时代使用的砭石，具有______和______两种性能。

3.《肘后备急方》提出了治六畜的处方，该书产生于________朝。

4. 唐朝新疆出现的兽医著作是________。

5. 北魏农业著作________________载有家畜 26 种疾病的 48 种疗法。

6. 基层兽医教育始于________朝。

7. 1904 年，________的创办，标志着我国西方兽医教育的开始。

8.《齐民要术》的作者是________，《痊骥通玄论》的作者是________，《元亨疗马集》的作者是______________。

三、选择题

1. 什么时期设有专职兽医？(　　)

A. 新石器时代　B. 殷商　C. 西周至春秋　D. 晋朝以后

2. 中国最早的一部兽医教科书是(　　)。

A. 黄帝内经　B. 齐民要术

C. 伯乐疗马经　D. 司牧安骥集

3. 掏结束、削蹄法、猪羊阉割术以及关于家畜群发病的防治隔离措施载于哪部著作？(　　)

A.《齐民要术》　B.《元亨疗马集》

C.《活兽慈舟》　D.《猪经大全》

4. 兽医院的雏形始于(　　)。

A. 春秋战国时期　B. 两晋南北朝时期

C. 隋唐时期　D. 宋元时期

5. 清朝的两部著名兽医著作是(　　)。

A.《元亨疗马集》和《医马方》

B.《痊骥通玄论》和《师旷禽经》

C.《本草纲目》与《牛名堂灸马经》

D.《活兽慈舟》与《猪经大全》

6. 叩诊法的发明者是(　　)。

A. 奥地利医生 Auenbrugger　B. 法国医生 Laennec

C. 罗马医生 Galen　D. 古希腊医生 Hippocrates

四、判断题

1.《黄帝内经》的出现，为人畜提供了通用药物的药性和药效。(　　)

2. 中国兽医教育始于唐朝。(　　)

3. 隋唐时期即出现了最早的兽医药房。(　　)

4.《灵枢》与《素问》合称为《黄帝内经》。(　　)

五、问答题

1. 国内外为什么没有一部完整的兽医史？

2. 谈谈你对该课程综合考核体系的认识。

六、病例分析题

某动物医院接诊一只70日龄雌性藏獒，就诊时两后肢不能站立，仅用两前肢支撑行走。主诉近期未见明显异常，前一天走路摇摆，当天早晨抱出笼子时发现其后肢不能站立。经检查，双后肢针刺有反应，血常规检查无异常。在医生再三追问下，犬主告知1周前由于犬咳嗽，带病犬至一家动物医院就诊。值班医生开给诺氟沙星片剂口服，每次3粒，每日2次，连续用药2d，随后皮下注射恩诺沙星，每次2mL，连续使用过2d，病犬咳嗽症状消失，但随后出现后肢不能站立。兽医遂得出正确诊断，并实施相应的治疗，1周后，该犬预后良好。

(1)试分析前一动物医院在诊疗过程中存在的问题。

(2)正确的诊断是什么？该病例该如何处理？

(3)该病例给我们的启示是什么？

七、专业作文题

“精通理论、勤于实践、善于推断”是学好兽医临床诊断学的三大法宝，同时也是一名合格执业兽医师的3项核心素质。请谈谈你对“精通理论、勤于实践、善于推断”的理解，字数不少于500字。

第3讲 临床检查的基本方法

兽医临床诊断学理论课教案

<table>
<tr><td colspan="2">讲　次</td><td>第3讲　临床检查的基本方法</td></tr>
<tr><td colspan="2">教学内容</td><td>1.“六诊”检查的内容和方法
2.“六诊”之间的相互关系</td></tr>
<tr><td rowspan="3">三条原则</td><td>设疑</td><td>1.“六诊”是指什么？每种诊断方法的检查范围是什么？
2.“六诊”之间有无必然的联系？</td></tr>
<tr><td>答疑</td><td>1. 以“望闻问切”的顺序逐个详细讲解“六诊”的方法和范围
2. 以讨论的方式初步引出“六诊”的相互联系，以结构图的方式进一步阐述“六诊”之间的相互联系</td></tr>
<tr><td>留悬念</td><td>1. 无论是中国的“望闻问切”，还是西方的“视、问、切、触、叩、嗅”，视诊总是居首，有何内在的原因？
2. 如何理解“兽医领头羊，社会孺子牛”的内涵？</td></tr>
<tr><td rowspan="3">三种方法</td><td>比喻</td><td>1. 以相声演员、厨师等职业的基本功喻兽医临床诊断学六大基本诊断方法
2. 以“由远及近，由浅入深，由面到点”的顺序喻六诊之间的内在联系。</td></tr>
<tr><td>结构</td><td>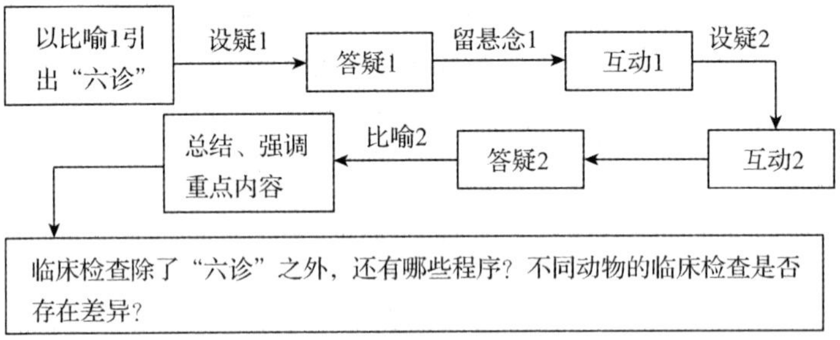
</td></tr>
<tr><td>互动</td><td>1. 视诊为何列于“六诊”之首
2.“六诊”之间的相互联系</td></tr>
<tr><td colspan="2">教学后记</td><td></td></tr>
</table>

一、视诊(inspection)

视诊是指用视觉来观察病畜全身状况或局部状态的方法。

1. 视诊的应用范围

(1)病畜的整体状态　精神状况、体格发育、营养状况、姿势、运动及行为等。

(2)表被组织　包括被毛的光泽度、有无脱毛，皮肤的颜色、有无创伤、溃疡、肿瘤、结节等病变。

(3)生理活动异常　呼吸困难、咳嗽、反刍停止、排尿困难、尿淋漓、呕吐、腹泻、流鼻液及痉挛等。

(4)与外界直通的体腔　口腔、鼻腔、耳腔、眼和阴道等器官的黏膜及分泌物和排泄物。

(5)场地和环境　畜群面貌、个体异常、畜舍卫生、饲料堆放及生产记录等。

2. 视诊的方法和注意事项

(1)视诊的顺序　畜群→个体；远→近；静→动。

(2)视诊要如“高堂悬镜，明察秋毫”，切不可“视而不见”。

(3)视诊要在光线充足的地方进行。

二、听诊(auscultation)

听诊是以听觉听取动物内部器官所产生的自然声音，然后根据声音的特性判断内部器官物理状态与机能活动的诊断方法。

1. 听诊的应用范围

(1)心血管系统　心音的频率、强度、性质、节律、有无分裂与重复，有无心内杂音和心外杂音等。

(2)呼吸系统　正常的气管呼吸音和肺泡呼吸音；病理性气管呼吸音和肺泡呼吸音，如啰音、捻发音、空瓮音及胸膜摩擦音等。

(3)消化系统　胃肠蠕动音，包括胃蠕动音、大肠蠕动音和小肠蠕动音等。

2. 听诊的方法

(1)直接听诊　直接将耳贴于动物体表。优点是简单，缺点是不雅、不洁。

(2)间接听诊　使用听诊器。

3. 注意事项

(1)要安静，最好在室内。

(2)耳塞与耳道要相适，防止杂音。

(3)既要聚精会神，分辨各种听诊音，又要观察动物反应，保证人畜安全。

三、嗅诊(smelling)

嗅诊是用嗅觉发现、辨别动物的呼出气体、口腔异味、排泄物及病理性分泌物异常气味与疾病之间关系的一种检查方法。

1. 嗅诊的应用范围

呼出的气体、排泄物、分泌物。

(1)呼出气体、乳液、尿液发出烂苹果味，见于酮病。

(2)呼出气体有大蒜味，见于有机磷中毒。

(3)皮肤、汗液有尿臭味，见于尿毒症。

2. 嗅诊的方法

用手轻轻地将被检物散发出的气味扇向自己的鼻部，辨别被检物的气味。

四、问诊(inqury)

问诊是兽医通过询问的方式向动物主人或有关人员了解患病动物的饲养管理情况以及现病史和既往史，为临床检查提供线索和重点的一种诊断方法。

1. 问诊的内容

(1)现病史　关于现在的发病情况与经过。

① 发病的时间与地点：

早晨放牧于水草丰茂之地→青草搐搦

产前或产后卧地不起→生产瘫痪

鲜花盛开→花粉过敏

② 疾病的表现：

咳嗽→呼吸系统疾病

呕吐→肝脏疾病、胃肠疾病、胆道疾病、肾脏疾病

角弓反张→神经系统疾病

③ 疾病的经过：加重还是减轻，是否治疗，效果如何。

④ 可能病因：主要听饲养员或畜主述说，如饲喂不当、受寒、外伤等。

⑤ 畜群情况：是否引进新动物，附近养殖场是否有类似疾病，不同类别的动物是否发病。

(2)既往史　过去病畜或畜群的病史。旧病重提，是怕老毛病又犯或留有后遗症。

(3)饲养管理情况

① 日粮组成及饲料品质：

饲料单一或品质不良→维生素或微量元素缺乏

饲料突然改变→应激

饲料发霉→曲霉菌中毒

② 畜舍的卫生条件和环境条件：

光照不足→维生素 D 缺乏

通风不良→氨中毒

畜床太硬→外伤

工业污染→重金属中毒

③ 使役及生产性能：

过度使役、饱食逸居→多种疾病诱因

流产、屡配不孕、产蛋下降→有病

2. 注意事项

(1)语言通俗，态度和蔼。

(2)根据临床检查情况，有重点地去问。

(3)要对问诊的结果进行客观的分析，不能偏听偏信。

五、触诊(palpation)

触诊是利用检查者触觉及实体感觉判断疾病性质的一种检查方法。

1. 触诊的应用范围

(1)体表状态　温度、湿度、硬度、皮肤弹性及局部肿块等。

(2)生理和病理性冲动　心搏动的位置、强度、性质及节律，脉搏的频率、性质及节律，腹壁的紧张性，瘤胃的蠕动，小动物的胃、肠、肝、脾和腹水等。

(3)直肠触诊　胃肠及泌尿生殖器官。

2. 触诊的方法

(1)手背触诊　温度、湿度。

(2)手指按压或揉捏　浮肿、气肿、积液、疝。

(3)按压触诊　判断胸腹壁的敏感性。

(4)双手触诊　检查小动物腹腔器官及其内容物的性状。

(5)冲击触诊　用于大动物的腹腔触诊。

(6)切入触诊　检查肝、脾边缘。

3. 注意事项

(1)注意安全，防止动物伤人。

(2)检查敏感性要遵循“先健后病，先远后近，先轻后重，病健对比”的原则。

六、叩诊(percussion)

叩诊就是敲打体表某一部位，根据所产生的音响性质来推断内部病理变化或某一器官的投影轮廓。

1. 叩诊的应用范围

(1)胸壁　确定肺区和心区的界限，用以判定肺脏和心脏的病变情况。

(2)腹壁　确定胃肠道的性质、含气量，用以判定其病变情况。

(3)副鼻窦及体表肿物　判定副鼻窦有无炎症、蓄脓，肿物的大小及性质。

2. 叩诊的方法

(1)直接叩诊　以叩诊槌或弯曲的手指直接叩击动物体表某一部位的方法。仅用于叩诊瘤胃臌气、肠臌气、鼻窦炎及喉囊炎。

(2)间接叩诊

① 指指叩诊：优点是简单方便，缺点是传导有限。

② 槌板叩诊：振动扩散范围大，用于大动物的检查。

3. 叩诊音

(1)浊音(dullness)　叩诊深层的肌肉部位及不含气的实质器官与体壁直接接触的部位所产生的声音。

(2)清音(resonance)　叩诊正常肺区的部位所产生的声音。

(3)鼓音(tympany)　叩诊健康马体盲肠基部或叩诊健康牛瘤胃上部 1/3 所产生的声音。

(4)过清音(hyperresonance)　介于清音和鼓音之间，额窦、上颌窦的正常叩诊音。也称空盒音。

(5)半浊音(semi - dullness)　介于清音与浊音之间。一般位于肺脏边缘。

4. 注意事项

(1)深部重叩，浅部轻叩。

(2)每次 2 ~3 下，连续数次，且每次间隔相等。

(3)叩诊锤与叩诊板垂直接触，短暂即离。

(4)叩诊板不能强力压迫体壁，除叩诊板外，其余不得接触体壁。

(5)所用力道应均等。

总结:

视诊为主，触诊为次，其他更次之。

问诊→可以使我们了解发病原因和发病情况。

视诊→可获得动物整体及外表病变的初步印象，为重点深入检查提供线索。

触诊→可进一步判定病变局部的性质，了解组织器官的状态。

叩诊→可确定内脏器官的物理状态，对胸部肺脏病变有独特意义。

听诊→不仅提供内部的形态变化，而且可进一步了解和判定机能状态。

嗅诊→是以上方法的补充。

兽医临床诊断中的视、触、叩、听是诊断疾病之根本，就像相声演员的说学逗唱，京剧演员的唱念做打，古代士子的琴棋书画，厨师的煎炒烹炸。因此，我们必须加以掌握并应用到临床实践当中。

课后作业

一、名词解释

1. 视诊　2. 叩诊　3. 视诊　4. 触诊　5. 听诊　6. 嗅诊　7. 浊音　8. 清音　9. 鼓音　10. 现病历　11. 既往史　12. 锤板叩诊　13. 指指叩诊

二、填空题

1. 问诊的主要检查内容包括________、________和________3个部分。

2. 叩诊方法可分为直接叩诊法和间接叩诊法，其中间接叩诊法又可分为________和________两种。

3. 一般的临床检查程序包括________、________和________3个部分。

4. 嗅诊的主要应用范围包括________、________、________及其他病理产物。

5. 适用于听诊的系统有3个，分别是________、________和________。

6. 鼓音是叩诊健康马的________，或健康牛的________产生的声音。

7. 清音是叩诊健康动物________所产生的声音。

8. 过清音是介于________和________之间的一种叩诊音。

三、选择题

1. 下列选项中，一般不能用听诊的方法进行诊断的系统是（　　）。

A. 心血管系统　　B. 呼吸系统

C. 泌尿生殖系统　　D. 消化系统

2. 材料各异、形态不一，但总有一个把柄可以被检查者握于手中，请问它是哪种诊断工具？（　　）

A. 听诊器　B. 叩诊板　C. 叩诊槌　D. 开口器

3. 检查动物体表的温度和湿度，应该用哪种触诊方法？（　　）

A. 手背触诊　B. 按压触诊　C. 双手触诊　D. 冲击触诊

4. 检查小动物腹腔器官及其内容物的形状，应该用哪种触诊方

法？（　　）

A. 手背触诊　B. 按压触诊　C. 双手触诊　D. 冲击触诊

5. 若要检查牛的瘤胃是否积液，应该用哪种触诊方法？（　　）

A. 手背触诊　B. 按压触诊　C. 双手触诊　D. 冲击触诊

6.“举世皆浊，唯我独清”，若“浊”表示浊音，而“清”表示清音，那么请问“我”是指动物躯体的哪一个区域？（　　）

A. 心区　B. 肺区　C. 肾区　D. 网胃区

7. 相声讲究说学逗唱，京剧讲究唱念做打，那么兽医临床诊断学讲究的是什么？（　　）

A. 望闻问切　B. 推拉揉捏　C. 视触叩听　D. 预防诊治

8. 检查副鼻窦所用的叩诊方法是（　　）。

A. 直接叩诊　B. 间接叩诊　C. 指指叩诊　D. 槌板叩诊

9. 瓣胃蠕动音呈（　　）。

A. 细小捻发音　B. 风吹声　C. 流水音　D. 含漱音

10. 当动物的副鼻窦正常时，其叩诊音为（　　）。

A. 鼓音　B. 清音　C. 空盒音　D. 浊音

11. 若鼻液中混有唾液，其原因是（　　）。

A. 胃内容物进入鼻腔　B. 吞咽障碍导致食物返流

C. 唾液腺发炎　D. 严重呕吐

12. 劈叉是舞蹈演员的基本功，鸡在某种疾病状况下也会劈叉，请问这种疾病可能是（　　）。

A. 维生素 B_1 缺乏　B. 鸡瘟

C. 马立克　D. 传染性法氏囊病

四、判断题

1. 要对内脏器官进行深部触诊，可用按压触诊法、冲击触诊法或切入触诊法。（　　）

2. 视诊可用以检查动物的整体状态，如精神状态、体格发育、营养状况以及被毛的光泽度等。（　　）

3. 听诊可用于心血管系统、呼吸系统和消化系统的检查。（　　）

4. 若某奶牛呼出的气体有大蒜味，则说明该奶牛患有酮病。（　　）

5. 问诊是临床检查的基本方法之一，在临床检查中占有重要地位，因此进行问诊时要面面俱到。（　　）

6. 检查动物肝、脾边缘常用切入触诊的方法。（　　）

7. 直接叩诊可用于瘤胃臌气、肠臌气和副鼻窦炎的检查。（　　）

8. 过清音是介于清音和浊音之间的一种叩诊音。（　　）

9. 浅在淋巴结的检查方法有视诊、触诊和穿刺。(　　)

10. 动物发生心包炎后，若在其心区听诊，一定可以听到心包摩擦音或心包拍水音。(　　)

11. 半浊音是介于浊音和清音之间的一种叩诊音。(　　)

12. 听诊的应用范围很广，可听取病畜的呻吟、喘息、咳嗽、喷嚏、嗳气及咀嚼等。(　　)

13. 叩诊时应将叩诊板紧紧贴于肋骨之上。(　　)

14. 用触诊的方法检查敏感性时应“先健后病，先远后近，先轻后重，病健对比”。(　　)

五、问答题

1. 结合所学知识，谈谈如何提高问诊的技巧?

2. 为什么说视诊是“六诊”中最重要的检查方法?

3. 简述“六诊”之间的相互关系。

4. 在兽医临床诊断中，如何能够充分发挥叩诊的重要作用?

5. 听诊时有哪些注意事项?

6. 指指叩诊和锤板叩诊各有什么特点? 分别适用于什么动物的检查?

六、病例分析题

泰迪，雄性，4月龄，体重1kg。近几天食欲不振，呕吐，排便次数减少，排便量也减少，体温正常。1个月前，该犬出现类似症状，经腹部触诊可感知到明显增粗的肠管，经X线检查未见明显异物，但肠管臌气扩张。根据临床检查结果和特殊检查结果，诊断为小肠异物。手术切开后，小肠内取出一只女性的短丝袜。基于既往病史，结合当前症状，怀疑再次发生小肠梗阻，腹部触诊感知到小肠内有一球形异物，表面光滑。

(1)该犬所患何病? 如何进一步确诊?

(2)该病例如何处理?

(3)如何预防该病的发生?

(4)该病例给我们什么启示?

七、专业作文题

兽医发展的目标可以用“兽医领头羊，社会孺子牛”来概括，前者追求技术领先，后者强调精神示范。你是如何理解这句话的? 请写一篇不少于500字的作文，题目自拟。

第4讲

临床检查的程序和方案

兽医临床诊断学理论课教案

<table>
<tr><td colspan="2">讲　次</td><td>第 4 讲　临床检查的程序和方案</td></tr>
<tr><td colspan="2">教学内容</td><td>1. 畜群检查的程序与方案
2. 个体动物检查的程序和方案</td></tr>
<tr><td rowspan="3">三条原则</td><td>设疑</td><td>1. 畜群的检查有无必要的程序？
2. 个体动物检查存在着怎样的程序？</td></tr>
<tr><td>答疑</td><td>1. 先列总体原则，后详细分解
2. 通过病例记录表逐项分解</td></tr>
<tr><td>留悬念</td><td>1. 临床检查的程序是否一成不变？是否需要根据临床实际随机应变？
2. 如何在基层兽医工作中实现自己的价值？</td></tr>
<tr><td rowspan="3">三种方法</td><td>比喻</td><td>1. 以“练功之程序”喻临床检查的程序
2. 以“计划与变化的关系”喻临床检查的方案</td></tr>
<tr><td>结构</td><td>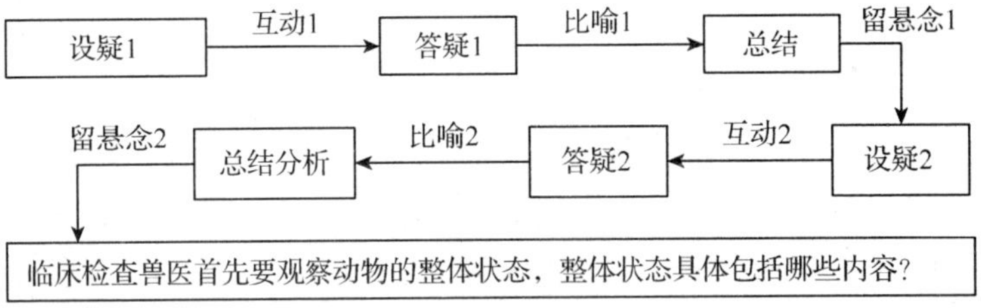
</td></tr>
<tr><td>互动</td><td>1. 以人医为参考，讨论临床检查的一般程序
2. 讨论基于不同动物特点的一般临床检查方案</td></tr>
<tr><td colspan="2">教学后记</td><td></td></tr>
</table>

一、畜群检查的程序和方案

畜群检查应先调查了解，后进行检查；先巡视环境，后检查畜群；先检查群体，后检查个体；先一般检查，后特殊检查；先检查健康畜群，后检查患病畜群。

1. 病史调查

（1）畜群的现状检查　主要检查畜群的规模、组成、来源及繁育情况，场地周围的其他畜群中有无疫情的发生及不安全因素，畜群的既往病史，发病率、死亡率，是否存在隐性传染，检疫内容与结果，防疫制度、措施及执行情况，驱虫制度，预防接种的实施情况等。

（2）畜群的生活环境检查　调查养殖场的地理位置、植被、土质、水源和水质、气候条件是否受到“三废”的污染，房舍建筑，饲养密度，通风光照，保温和降温，畜栏与畜圈，运动场条件，粪便处理，卫生条件及消毒措施等。

（3）饲养条件及饲喂制度检查　包括饲料的组成、配方比例及营养价值的评定；粗料、青饲料、多汁饲料、青贮饲料的供给情况；维生素、矿物质、微量元素等营养物质的补充情况；饲料的储存、加工方法和过程；饲喂方法、制度及其改变情况。

（4）生产性能的调查　包括畜产品的数量与质量，役畜的使役能力，种畜的配种能力和精液质量，母畜的受胎率及繁殖能力等。

（5）传染病的定期检疫情况检查　尤其注意结核病、布氏杆菌病的检疫情况，寄生虫学的检查，死亡病例死亡前症状及死亡后的剖检病变等。

2. 畜群检查

在群体检查的基础上，可抽查个别动物，进行一般检查、实验室检查和特殊检查。

（1）放牧畜群检查　应在出牧、收牧及跟群放牧中进行，特别注意检查畜群的精神状态、体态和营养、运动和姿态、采食活动、粪便形状及离群情况等。反刍动物应于饲喂后安静状态下观察其反刍活动及嗳气情况，以及被毛和舔迹等。

（2）舍饲畜群检查　在饲喂中或饲喂后进行观察，重点是观察饲料的品质和数量，动物的采食、咀嚼、吞咽、反刍及嗳气、排粪、排尿状态有无异常现象，呼吸情况及有无咳嗽、流鼻液等。

（3）奶牛及奶山羊群检查　最好在挤奶过程中检查，这样既能观察到牛、羊的状况，又能注意到挤奶的过程，以及乳汁和乳房的变化。

（4）猪群检查　应注意其整体活动状况中出现的个别异常现象，观察其食欲及采食活动、运动及睡眠情况，畜栏或运动场中有无下痢便，仔猪有无异食癖，有无喘息和咳嗽等。

(5)兔群检查　除了白天调查了解外，还要重视夜间观察家兔的采食活动、精神状态、配种活动等。

(6)犬群活动　应注意其精神警觉状态、叫声、姿态、呼吸、鼻分泌物、饮欲食欲状态，并对呕吐状况、排尿、排粪姿势进行观察。

(7)家禽　应特别注重其群体活动状态，观察其羽毛的光泽及平滑状态，肉冠及肉髯颜色，有无啄羽、啄肛现象等。

二、个体动物检查的程序和方案

1. 病畜的登记

(1)动物的种类　动物的种类不同，所发生的疾病类型、病程和转归都不一样。

(2)品种　品种不同，对疾病的抵抗力、耐受性、患病的严重性也不同。本地品种对疾病的耐受性要比引进品种强。

(3)性别　由于公母畜的解剖生理不同，在某些疾病的发生上有一定的临床意义，如公马的腹股沟环较大，易发生嵌闭性腹股沟疝；公牛尿道细长，并呈S状弯曲，易发生尿道结石。

(4)年龄　不同的年龄段发生不同的疾病，如钙磷代谢障碍引起的疾病，在幼龄动物为佝偻病，在成年动物为骨软症，在产后动物多为产后瘫痪。

(5)毛色　一般认为深色动物较浅色动物对某些皮肤病有较强的抵抗力。

(6)动物体重　主要与用药剂量相关。

(7)动物用途　动物的用途不同，发病各异。种用动物易发生殖系统疾病，役用动物易发慢性肺气肿和肢蹄病，乳用动物易发乳房炎等。

2. 病史调查

(1)询问病史。

(2)调查环境。

3. 现症检查

(1)一般检查。

(2)系统检查。

(3)实验室检查。

(4)特殊检查。

课后作业

一、填空题

1. 一般的临床检查程序包括________、________和________3个部分。

2. 畜群检查应先______，后进______。

二、选择题

1. 奶牛群和奶山羊群的检查，最好时机是(　　)。

A. 挤奶时　　B. 放牧时　　C. 饲喂时　　D. 休息时

2. 兔群的检查应选择在什么时间段？(　　)

A. 早晨　　B. 傍晚

C. 午夜　　D. 白天和晚上适当的时间

三、判断题

1. 病畜登记在临床诊疗过程中只是个形式，因此在很多时候都可以省略。(　　)

2. 病史调查只适用于个体动物，不适合畜群的检查。(　　)

3. 疾病的发生与畜种有关，与品种无关。(　　)

4. 生产性能的调查属于生产环节，对动物疾病的诊断无任何意义。(　　)

5. 了解动物的体重主要是为了计算用药剂量。(　　)

6. 放牧畜群与舍饲畜群在临床检查程序与方法上并没有区别。(　　)

四、问答题

1. 临床检查过程中为什么要强调有一定的顺序？

2. 病畜登记一般要涉及哪些内容？为什么？

3. 畜群检查的“四先四后”原则是什么？

五、病例分析题

【发病情况】2005年7月~2006年8月，长春地区先后有3个种羊场发生以贫血、可视黏膜黄染及血红蛋白尿为主要特征的疾病，3个羊场共饲养羊897只，发病62只，发病率6.9%，共计死亡27只，死亡率为43.5%，发病羊只以三四月龄羔羊为多，占82.2%。且膘情好、生长发育较快的羔羊发病率高。3个羊场均不同程度使用仔猪饲料作为精料添加给羔羊，促进生长。病羊初期均表现精神沉郁，饮欲和食欲减退，反刍停止，虚弱无力，呼吸困难，瘤胃蠕动音减弱，排暗红色、酱油样尿液，病程2~3d。

【临床症状】羔羊多突然发病，尤其是生长快、膘情好的羊，一发病往往在数小时到3d内死亡。病羊表现不同程度的精神沉郁，四肢无力，卧地不起，肌肉震颤，食欲降低，饮欲增强，反刍停止，腹围增大，粪便干燥，尿少且深，可视黏膜黄染，体温偏低或正常，呼吸增数，心律不齐。

【病理剖检】血液稀薄，呈巧克力色。肝脏略肿大，呈黄色或土黄色，质脆。脾肿胀、瘀血或出血，呈暗黑色。心包有积液，心肌上有的有出血点。肾脏肿大，色深，肾皮质上有大量出血带，髓质有少量出血点。个别羊膀胱内有出血点，腹腔有大量淡红色积液，胃肠一般无可见病理变化。

【实验室检查】微生物学检查，无微生物；寄生虫学检查，无寄生虫；血常规检查，红细胞减少，血红蛋白含量降低；尿常规检查，尿液暗红色，潜血强阳性。

(1)试分析该病例，给出初步诊断。

(2)若要确诊，还需要做哪些检测?

(3)该病例可以给我们什么启示?

六、专业作文题

"自高自大自满自夸，自掘坟墓；自骄自傲自诩自恃，自毁长城。"根据这副对联阐述一下兽医应具备什么样的基本素质，字数不少于500字，题目自拟。

第5讲 整体状态的检查

兽医临床诊断学理论课教案

讲　次		第5讲　整体状态的检查
教学内容		1. 整体检查的意义 2. 整体检查的方法 3. 整体检查的内容
三条原则	设疑	1. 何谓整体？如何检查？ 2. 整体状态各内容之间有无必然的联系？
	答疑	1. 以引导法助学生探知整体状态检查的内容和方法 2. 采用先广泛讨论后总结重点的方式进行分析和解答
	留悬念	1. 正确的整体状态是如何判断的？ 2. 整体状态检查是否只能通过视诊来检查？ 3. 整体状态检查中的营养状况多看被毛，而且其他很多疾病也可以通过被膜得以反映，那么被毛及其赖以生存的皮肤是如何检查的？
三种方法	比喻	1. 以“察人之法”喻整体状态检查 2. 以“第一印象”喻整体状态检查各内容之间的联系
	结构	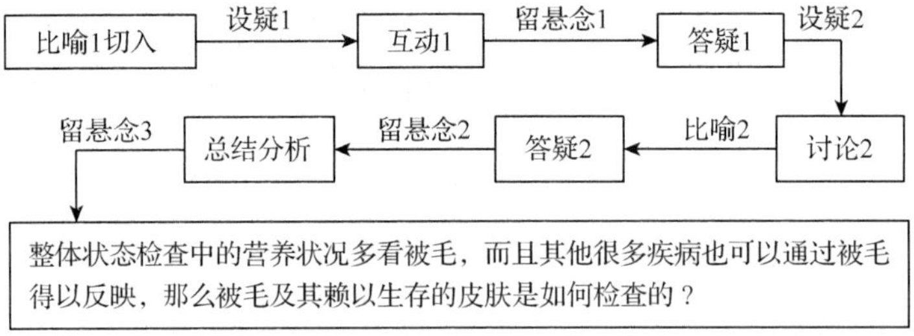
	互动	1. 以“察人之法”引导学生思考整体检查的内容 2. 整体状态检查各内容之间的联系
教学后记		

一、体格发育

1. 判定依据

骨骼与肌肉的外形和发育程度。

2. 发育良好的特点

体躯高大，结构匀称，肌肉结实，给人以强壮有力、外形完美的印象。

3. 发育不良的原因

(1) 近亲繁殖，过早配种。

(2) 营养不良。

(3) 传染病后遗症及慢性传染病。

(4) 寄生虫感染　见于蛔虫、姜片吸虫等。

(5) 长期的消化紊乱　影响营养物质的消化吸收而发育受阻。

二、营养程度

1. 营养状况判定的依据

(1) 被毛的状态和光泽度。

(2) 肌肉的丰满度。

(3) 皮下脂肪的蓄积量。

2. 营养程度的分类

(1) 营养良好　表现为肌肉丰满，皮下脂肪充盈，被毛光滑，皮肤富有弹性，躯体圆满而骨棱角不突出。

(2) 营养不良

① 慢性传染病，如结核病、鼻疽、喘气病、慢性猪瘟等。

② 严重的寄生虫病，如牛羊肝片吸虫、家禽球虫病等。

③ 饲料营养不全或摄入不足或长期消化紊乱，如慢性胃肠炎、肝脏和胰脏疾病等。

④ 营养代谢性疾病，如佝偻病、维生素及微量元素缺乏等。

(3) 营养中等　介于营养不良和营养良好之间。

(4) 营养过剩　肥胖易导致繁殖能力、生产能力下降。

三、精神状态

精神状态或意识是指动物对外界刺激的反应能力。

(1) 正常时的表现　反应灵敏、头耳灵活、目光明亮有神。

(2) 兴奋的表现　对刺激敏感、左顾右盼、竖耳刨地、惊恐不安、疯狂跑动、吼叫凄惨、攻击人畜、不听使唤。

(3) 抑制的表现　沉郁嗜睡、对世冷淡。

四、姿势

姿势是动物的举止表现。

1. 站立姿势异常

(1)典型的木马姿势　头颈平伸、肢体僵硬、四肢关节不能屈曲、尾根挺起、鼻孔开张、瞬膜露出、牙关紧闭，见于破伤风。

(2)肢蹄异常

① 免重或提起，见于单肢疼痛。

② 四肢集于腹下，见于多肢疼痛。

③ 前伸或后送，见于两肢痛。

④ 四肢交替负重，见于骨软症、风湿病。

⑤ 回视、打滚、蹴腹，见于胃肠疼痛。

(3)各种畜禽典型的异常站立姿势

① 前肢交叉，衔草而忘嚼，见于马慢性脑室积水。

② 两腿前后劈叉，见于鸡马立克。

③ 站立前高后低，见于创伤性心包炎。

2. 强迫躺卧

强迫躺卧是指当驱赶和吆喝时动物仍卧地不起，不能自然站立的状态，中、小动物即使人工辅助站起，也不能正常站立。

(1)四肢的骨骼、关节、肌肉的疼痛性疾病。

(2)长期患有慢性消耗性疾病。

(3)某些营养代谢病　酮病、生产瘫痪、马肌红蛋白尿症。

(4)脑、脑膜的疾病或严重中毒病后期。

(5)脊髓横断性疾病。

五、运动

1. 共济失调

共济失调指肌肉的收缩力量正常，运动时肌群动作不协调，导致动物在运动时步态异常。

2. 强迫运动

(1)盲目运动　指动物无目的前进，对外界事物没有反应，遇到障碍物时停止前进或头顶住不动、长期站立，见于脑炎初期。

(2)转圈运动　动物按一定的方向无目的地转圈，如脑包虫病、犬瘟热后遗症等。

(3)翻滚运动　病畜头缩向后方，沿身体的长轴做反转运动，如鸡瘟、维生素 B_1 缺乏。

3. 跛行

跛行主要是动物躯干或肢蹄发生结构性或功能性障碍引起的姿势

或步态异常的总称。见于关节病、骨骼及肌腱疾病、口蹄疫等。

六、行为

动物的行为是由机体各系统器官对可感知的现实环境刺激的反应所引起的。凡不同于健康动物的行为反应，均为异常行为。如犬、猫的攻击行为、恐惧、忧虑、强迫症以及排便异常等；马腹痛时咀嚼、磨牙等。

课后作业

一、名词解释

1. 共济失调　2. 强迫躺卧　3. 盲目运动　4. 转圈运动　5. 滚转运动　6. 跛行

二、填空题

1. 判断动物营养状况的依据是__________、__________和__________。

2. 营养良好的家畜表现为肌肉丰满，________，________，________，躯体圆满而骨棱角不突出。

3. 体格发育主要依据骨骼和肌肉的________和________来判断。

4. 精神状态正常的动物变现为________灵敏，________灵活，目光________。

5. 跛行见于________、________和________等。

6. 典型的木马姿势，动物表现为________平伸，________僵硬，________不能屈曲，尾根挺起，鼻孔开张，瞬膜露出，牙关紧闭等。

三、选择题

1. 一匹马前肢交叉，衔草而忘嚼，对着天空发呆，请问它可能患有哪种疾病？(　　)

A. 脑室积水　　B. 破伤风

C. 马传染性贫血　　D. 肠套叠

2. 发育良好动物表现为(　　)。

A. 体躯高大，结构匀称，肌肉结实

B. 肌肉丰满，皮下脂肪充盈，被毛光滑

C. 反应灵敏，头耳灵活

D. 站立姿势自然，运动自如，行为正常

3. 典型的木马症状见于哪种疾病？(　　)

A. 产后瘫痪　B. 李氏杆菌病　C. 疯牛病　D. 破伤风

4. 沿身体长轴的运动属于(　　)。

A. 盲目运动　B. 转圈运动　C. 滚转运动　D. 跛行

四、判断题

1. 动物的营养状态好坏主要是依据被毛的状态和光泽度、肌肉的丰满度以及皮下脂肪的蓄积量来衡量的。(　　)

2. 营养过剩会导致动物生产能力下降。(　　)

3. 动物兴奋时，主要表现为抗拒性和攻击性。(　　)

4. 强迫躺卧与四肢的骨骼、关节、肌肉等疼痛性疾病有关。(　　)

五、问答题

1. 家畜营养不良有哪些具体的原因，表现是什么？

2. 整体检查有哪些主要内容？

六、病例分析题

某团10头犊牛，几乎同时发病，经临床检查，体温正常、心率加快，每分钟达100次左右，而且伴有心律不齐。呼吸频率增加，运步缓慢，四肢、颈、肩及背部肌肉均有不同程度的变硬，尤以肩胛骨肌肉最为明显，呈典型的“翼状肩胛骨”。

(1)根据“翼状肩胛骨”的典型症状判断，10头犊牛可能患何病？

(2)若要进一步确诊，需要做哪些检查？

(3)该病例可以为我们提供什么样的启示？

七、专业作文题

“医德日沦丧，有为兽医力挽江河；教育渐凄凉，良知教师光征日月。”兽医很可能步人医的后尘，陷入医德缺失的危机；大学也很可能被缺乏良知的社会风气所污染。你怎样看待医德缺失和社会良知缺失对兽医发展的影响？你将采取哪些措施扭转上述精神堕落的局面，请写不少于500字的作文，题目自拟。

第6讲

被毛和皮肤的检查

兽医临床诊断学理论课教案

<table>
<tr><td colspan="2">讲　次</td><td>第6讲　被毛和皮肤的检查</td></tr>
<tr><td colspan="2">教学内容</td><td>1. 被毛和皮肤检查的意义
2. 被毛检查
3. 皮肤检查</td></tr>
<tr><td rowspan="3">三条原则</td><td>设疑</td><td>1. 被毛和皮肤检查的主要内容是什么？
2. 皮肤颜色变化的根本原因是什么？
3. 皮肤肿胀的性质如何判断？</td></tr>
<tr><td>答疑</td><td>1. 通过逐步引导、渐次启发共同探讨被毛和皮肤检查的主要内容
2. 通过互动探讨皮肤颜色变化的根本原因
3. 通过列表比较皮肤肿胀的性质</td></tr>
<tr><td>留悬念</td><td>1. 被毛变化的根本性原因是什么？
2. 皮疹的种类及其产生的原因是什么？
3. 除了整体状态、被毛和皮肤外，视之所及的还有可视黏膜，触之所感的还有浅在淋巴结，那么可视黏膜和浅在淋巴结又是如何检查的呢？</td></tr>
<tr><td rowspan="3">三种方法</td><td>比喻</td><td>1. 以“皮之不存，毛将焉附”喻被毛变化的根本原因
2. 以触摸感觉的差异喻皮肤肿胀的触诊鉴别</td></tr>
<tr><td>结构</td><td>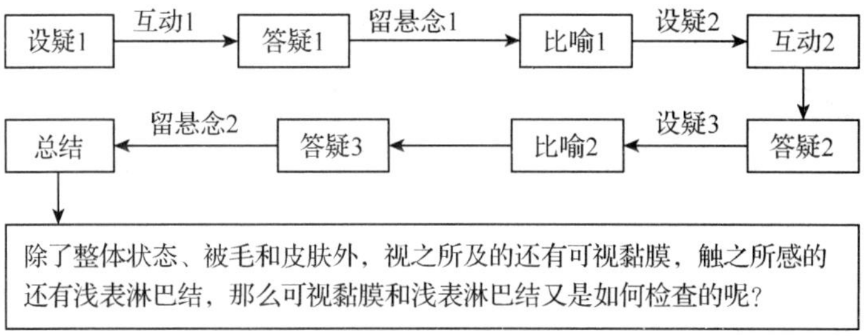
</td></tr>
<tr><td>互动</td><td>1. 采取逐步引导方法讨论被毛和皮肤检查的内容
2. 讨论皮肤颜色变化的原因及其临床意义</td></tr>
<tr><td colspan="2">教学后记</td><td></td></tr>
</table>

被毛与皮肤的检查，主要观察动物的被毛、皮肤、皮下组织的病理变化，它对于诊断某些皮肤病(如湿疹)，某些传染病(如猪瘟、猪丹毒、口蹄疫及羊痘等)有重要意义。

一、被毛检查

健康家畜的被毛整洁、平滑而有光泽，生长牢固，禽类的羽毛平顺、富有光泽而美丽。但要注意动物的季节性换毛。

(1)被毛粗乱无光　见于慢消耗性疾病、长期的消化紊乱、营养物质不足、过劳或某些代谢紊乱性疾病。

(2)局限性脱毛　见于外寄生虫感染、真菌感染、湿疹及某些营养代谢病。

二、皮肤检查

1. 颜色

(1)苍白　见于贫血，如铁缺乏引起的营养性贫血、寄生虫引起的出血性贫血等。

(2)黄染　由胆色素代谢障碍导致胆红素释放入血。见于肝病、胆道阻塞和溶血性疾病，如肝炎、胆结石、附红细胞体病等。

(3)发绀　血液中还原型血红蛋白增加或形成大量变性血红蛋白。见于呼吸系统疾病、心血管系统疾病和中毒性疾病。

(4)皮肤的红色斑点及疹块　出血或充血所致，见于猪瘟或猪丹毒。

2. 温度

(1)皮温增高　体温高者，皮温也高。

(2)皮温过低　见于贫血、休克、大出血。

(3)皮温不整　主要因皮肤血液循环不良或支配神经异常所致的血管痉挛而引起。见于发热疾病的初期及腹痛病。

3. 湿度

(1)皮肤干燥　见于发热性疾病及脱水。极度虚弱、内分泌失调。

(2)多汗　见于中暑及疼痛等。若汗出如油，有黏腻感，皮肤冰凉，称为冷汗，见于虚脱和胃肠破裂等。

4. 弹性

弹性降低见于慢性消耗性疾病、脱水、皮肤病。

5. 皮肤肿胀(表6-1)

表6-1 皮肤肿胀的分类及区别

鉴别要点	皮下浮肿	皮下气肿	皮下积液	疝
发生部位	胸、腹、阴囊、四肢末端	肘后、颈侧	躯干、四肢上部	天然孔下
触诊特征	指压留痕	捻发音，窜动	波动感	波动感，还纳可复
临床意义	感染、慢性营养不良、心力衰竭、贫血	皮肤创伤、气肿疽、恶性水肿	脓肿、血肿、淋巴外渗	脐疝、阴囊疝、膈疝、腹股沟疝

6. 皮疹

(1)斑疹 仅表现为局部发红，见于猪瘟、猪丹毒等。

(2)丘疹 有较小的局限性隆起，由小米粒至豌豆大，局部瘙痒和疼痛。

(3)饲料疹 饲喂过量的感光物质，如荞麦、三叶草、灰菜等。

(4)荨麻疹 稍隆起的局限性水肿，界限明显，大小不等，突然发生，伴有剧烈瘙痒，见于各种过敏反应。

(5)疱疹 内含液状物的小突起，见于痘病、脓疱性口炎、口蹄疫等。

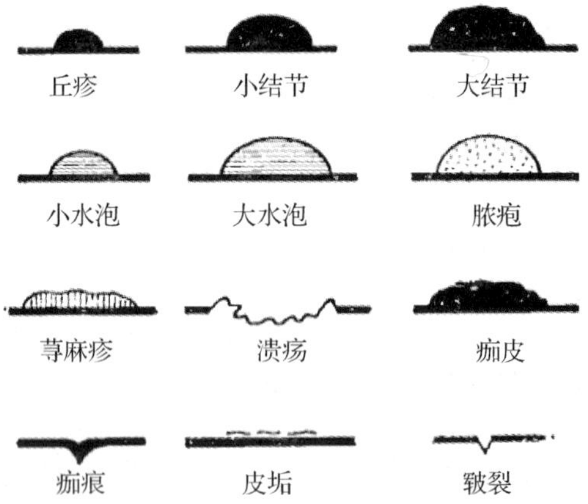

课后作业

一、名词解释

皮温不整

二、填空题

1. 常见的皮肤肿胀类型有________、________、________和疝。

2. 皮肤黄染主要见于________、________和________。

三、选择题

1. 皮下浮肿常发生的部位是(　　)。

A. 胸、腹、阴囊及四肢末端　　B. 肘后和颈侧

C. 躯干和四肢上部　　D. 天然孔下

2. 皮下气肿的触诊特征是(　　)。

A. 指压留痕

B. 呈捻发音并感觉到有气体四处窜动

C. 有波动感

D. 还纳可复

3. 皮肤黄染主要见于(　　)。

A. 贫血　　B. 充血

C. 中毒性疾病　　D. 肝脏疾病和溶血性疾病

4. 下列选项中，哪一种皮疹伴有剧烈瘙痒？(　　)

A. 斑疹　　B. 丘疹　　C. 饲料疹　　D. 荨麻疹

5. 动物严重缺氧，其皮肤颜色会发生什么样的变化？(　　)

A. 苍白　　B. 黄染　　C. 发绀　　D. 潮红

6. 皮下积液可通过下列哪种方法进行鉴别？(　　)

A. 触诊　　B. 视诊　　C. 听诊　　D. 穿刺

四、判断题

1. 皮肤黄染是由胆红素代谢障碍引起的。(　　)

2. 皮温不整主要是由于皮肤血液循环不良或支配神经异常所致的血管痉挛。(　　)

3. 皮下积液主要见于脓肿、血肿、淋巴液外渗以及胸腔积水。(　　)

4. 冷汗就是汗出如油，有黏腻感，皮肤冰凉，其临床意义见于虚脱和胃肠破裂。(　　)

5. 长期的消化紊乱可导致动物被毛粗乱。(　　)

6. 动物脱水之后，皮肤弹性会增加。(　　)

五、简答题

1. 如何区别皮下浮肿、皮下气肿、皮下积液和疝？

2. 脱毛的原因有哪些？

六、病例分析题

盛夏之午，酷暑难耐，兽医独坐，一带病来。一少妇牵一犬，急急而进。视之，金毛。体型健硕，长毛发亮，然脑袋肿如猪头，颜面褶似沙皮，双眼迷离，独鼻隆起。蜂蜇虫咬？主人不知，但言午时将近，忽见头大眼肿，故来。测体温，无变化；听心肺，无异常；观其行走坐卧，皆如健犬。采血而测，嗜酸性粒细胞独高。

（1）该犬可能患有何病？

（2）怎样治疗？

（3）血常规检查有何意义？

七、专业作文题

作为一名未来的兽医，掌握基础的兽医理论和基本的兽医技能固然重要，但更重要的是要有自己的兽医理想和实现兽医理想的途径。请以《我的兽医理想》为题，写一篇不少于500字的作文。

第7讲

可视黏膜及浅在淋巴结的检查

兽医临床诊断学理论课教案

讲　次		第7讲　可视黏膜及浅在淋巴结的检查
教学内容		1. 可视黏膜的检查 2. 浅在淋巴结和淋巴管的检查
三条原则	设疑	1. 什么是可视黏膜？如何检查？ 2. 可视黏膜依据颜色的变化可分为几种？有何临床意义？ 3. 浅在淋巴结主要分布在体表什么位置？有哪些病理变化？
	答疑	1. 提问，引导，举例 2. 图片展示特征，互动阐述病因，启发探寻意义 3. 图片显示位置，列表比较病变
	留悬念	1. 可是黏膜颜色变化的本质是什么？ 2. 浅在淋巴管是否也可通过触诊进行检查？ 3. 兽医临床三大基础指标(体温、脉搏、呼吸数)如何检查？
三种方法	比喻	1. 以“黏膜颜色的主导”喻血红蛋白的变化 2. 以“炎症发生的航标”喻淋巴结的病变
	结构	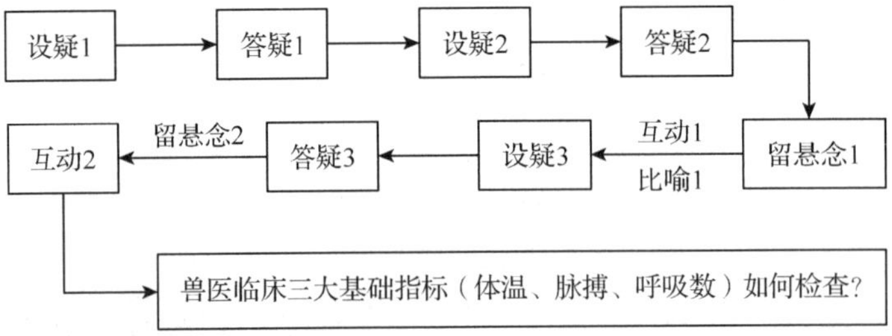
	互动	1. 黏膜颜色变化的本质 2. 浅在淋巴管的分布及触诊的可能性
教学后记		

可视黏膜：是指肉眼能看到或借助简单器械可观察到的黏膜，如眼结合膜以及鼻腔、口腔、直肠、阴道等部位的黏膜。以下以眼结合膜为例进行讲解。

一、眼结合膜的检查方法（图 7-1）

(1) 马　左手固定马头，右手食指、拇指拨开上下眼睑并按压之。

(2) 牛　握角扭头，巩膜暴露。

(3) 中、小动物　双手的拇指和食指打开上下眼睑。

图 7-1　马和牛眼结合膜的检查方法

二、眼结合膜颜色的病理变化

健康动物的结合膜的颜色为淡红色或粉红色，有光泽、湿润、鲜艳。

1. 潮红

(1) 原因　毛细血管充血。

(2) 特征　呈鲜红色、暗红色，严重时呈深红色。

(3) 临床意义

① 单侧是局部血液循环发生障碍，见于外伤、结膜炎、角膜炎等。

② 双侧是全身性血液循环障碍，见于各种发热性疾病、疼痛性疾病、中毒性疾病等。

2. 苍白

(1) 原因　贫血。

(2) 特征　黏膜色淡，呈灰白色。

(3) 临床意义　见于各种贫血性疾病。

3. 发绀

(1) 原因　血液中还原血红蛋白增多或形成大量变性的血红蛋白。

(2) 特征　黏膜呈蓝紫色。

(3) 临床意义　见于肺炎、胸膜炎、心力衰竭、肠扭转、亚硝酸盐中毒等。

4. 黄疸

(1)原因　胆红素代谢障碍。

(2)特征　黏膜发黄。

(3)临床意义　见于肝脏疾病、胆道疾病和溶血性疾病。

三、浅在淋巴结的检查

淋巴系统是机体的防御机构之一，体表淋巴结及淋巴管的检查，在确定感染、某些疾病，特别是某些传染病有重要意义。

1. 临床中主要检查的浅在淋巴结及其位置(图 7-2)

体表主要的淋巴结有颌下淋巴结、耳下淋巴结、颈部淋巴结、肩前淋巴结、膝襞淋巴结等。

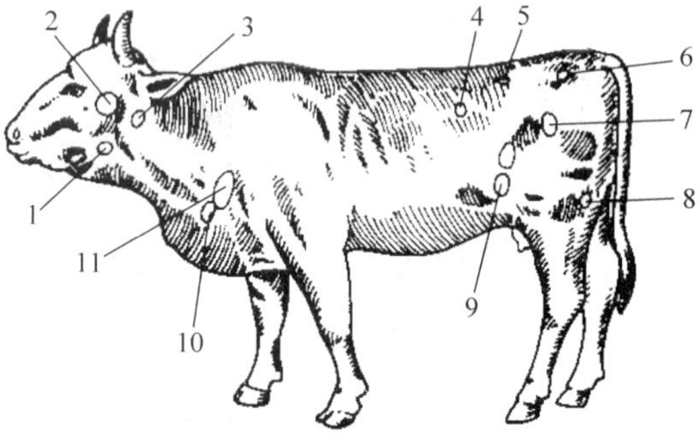

图 7-2　牛的浅表淋巴结位置

1. 颌下淋巴结　2. 耳下淋巴结　3. 颈上淋巴结　4. 髂上淋巴结
5. 髂内淋巴结　6. 坐骨淋巴结　7. 髂外淋巴结　8. 腘淋巴结
9. 膝襞淋巴结　10. 颈下淋巴结　11. 肩前淋巴结

2. 淋巴结检查的方法

(1)视诊　观察淋巴结的大小、位置及形状。

(2)触诊　触摸淋巴结的大小、位置、形状、硬度、表面状态、敏感性及活动状态。

3. 淋巴结病变类型及其区别(表 7-1)

表 7-1　淋巴结病变类型及其区别

	急性肿胀	慢性肿胀	化脓
体积	大	稍大	大
硬度	一般	大	小
表面	光滑	不平	软、波动
热痛反应	有	无	有
活动状态	不明显	不活动	有波动感
临床意义	乳房炎、咽炎、马腺疫	马鼻疽、牛结核、泰勒焦虫病、猪瘟、猪丹毒	马腺疫、伪结核、链球菌

4. 浅在淋巴管的检查

健康动物的浅在淋巴管不能明视。仅在某些病变时，才可见淋巴管肿胀。马、骡的浅在淋巴管肿胀，主要提示鼻疽和流行性淋巴管炎。

附：

(1)肝源性黄疸　又称为实质性黄疸或肝细胞性黄疸，简称肝性黄疸，是肝脏受到损伤，肝细胞变性、坏死，制造和排泄胆汁的功能减退所致的黄疸。

(2)阻塞性黄疸　又称机械性黄疸或胆道梗阻性黄疸，是由于外力压迫胆管，使胆道狭窄以致阻断，梗阻前侧胆压不但增高，所有胆管渐次扩大，最后造成胆小管破裂，胆汁直接或经由淋巴系统反流至体循环所致的黄疸。

(3)溶血性黄疸　又称血液发生性黄疸或滞留性黄疸，是红细胞在血管内和/或网状内皮系统内过多过快地破坏，游离出大量血红蛋白，生成大量血胆红素，超过肝脏的转化和排泄能力而滞留于血液内所致的黄疸。

课后作业

一、名词解释

1. 发绀　2. 黄疸　3. 潮红　4. 苍白　5. 肝源性黄疸　6. 阻塞性黄疸　7. 溶血性黄疸

二、填空题

1. 健康动物的眼结合膜为淡红色或粉红色，有光泽、湿润、鲜艳，病理性颜色变化有________、________、______和发绀。

2. 可引起可视黏膜发绀的疾病有________、________和亚硝酸盐中毒。

3. 在进行淋巴结视诊时，主要观察淋巴结的大小、________和________。

4. 根据病因，黄疸可分为__________、________和__________。

5. 眼结合膜单侧潮红的原因是______________________________。

三、选择题

1. 马眼结合膜的检查方法是(　　)。

A. 固定马头，右手食指和拇指拨开上下眼睑并按压之

B. 扭转马头，使其巩膜暴露

C. 固定马头，双手的食指和拇指将上下眼睑打开

D. 压低马头，使其结合膜上翻

2. 导致黏膜发绀的原因是(　　)。

A. 毛细血管充血

B. 贫血

C. 胆红素代谢障碍

D. 血液中还原血红蛋白增多或形成大量的变性血红蛋白

3. 淋巴结急性肿胀的特征是(　　)。

A. 体积增大，表面光滑，无热痛反应

B. 体积增大，表面不平，有热痛反应

C. 体积增大，表面光滑，有热痛反应

D. 体积增大，表面不平，无热痛反应

4. 可视黏膜黄疸，同时有血红蛋白尿，该黄疸类型可能是(　　)。

A. 肝源性黄疸　　B. 阻塞性黄疸

C. 溶血性黄疸　　D. 实质性黄疸

四、判断题

1. 所有家畜的眼结合膜颜色均为淡粉红色。(　　)

2. 动物中毒后常表现为眼结合膜苍白。(　　)

3. 淋巴结的慢性肿胀常见于乳房炎、咽炎和马腺疫等。(　　)

4. 蛔虫寄生于胆管引发的黄疸属于阻塞性黄疸。(　　)

五、问答题

1. 试述马和牛的眼结合膜的检查方法。

2. 黏膜颜色的病理变化有几种？其特征、原因及临床意义是什么？

3. 淋巴结急性肿胀、慢性肿胀和化脓如何鉴别？

六、病例分析题

【基本信息】巴哥犬，3 岁，雌性，体重 7.6kg。

【主诉】该犬发病 2d，病前食欲、排便均正常，病后精神不振，嗜睡，偶尔呕吐，食欲不振，排尿色黄。

【临床检查】体温 40.2℃，鼻镜干燥，精神萎靡，可视黏膜黄疸，心搏动增快，呼吸急促，肠蠕动音增强。血常规检查，白细胞总数升高，红细胞总数及血红蛋白含量降低。X 线检查肝、肾形态无异常，尿路无结石显影。血清生化检查，碱性磷酸酶、丙氨酸氨基转移酶和天门冬氨酸氨基转移酶活性均升高。依据临床检查、实验室检查和特殊检查的结果，兽医诊断为肝炎，并进行了治疗。但是，治疗 2d 后，病情非但不见好转，反而加重。犬主带病犬转院治疗。

【转院检查】检查发现皮肤和可视黏膜黄染，进一步询问得知，该犬在发病前一晚喂过半盘葱爆羊肉。于是，兽医做了相应的检测，最终确诊了该病，3d 后该病犬痊愈。

(1)首次诊疗的动物医院在诊断过程中存在什么问题？为何检查

了那么多项目仍然误诊?

(2)该犬可能患有何病?

(3)转诊动物医院是如何找到线索的?

(4)若要对该病进行确诊，还需要做哪些检查?

七、专业作文题

兽医教育的发展离不开教师，请你结合这几年的学习实际，谈谈什么样的老师是你理想中的老师，字数不少于500字，题目自拟。注意：这里的老师是指主讲兽医专业相关课程的老师。

第8讲

体温、脉搏和呼吸数的检查

兽医临床诊断学理论课教案

<table>
<tr><td colspan="2">讲　次</td><td>第 8 讲　体温、脉搏和呼吸数的检查</td></tr>
<tr><td colspan="2">教学内容</td><td>1. 体温的测定方法及临床意义
2. 脉搏的测定方法及临床意义
3. 呼吸数的测定方法及临床意义</td></tr>
<tr><td rowspan="3">三条原则</td><td>设疑</td><td>1. 临床 3 项基础指标检查有何重要意义？
2. 健康动物的体温、脉搏和呼吸数为什么是一个范围而非一个恒定的值？
3. 体温、脉搏和呼吸数之间存在着怎样的内在联系？</td></tr>
<tr><td>答疑</td><td>1. 通过提问和引导的方式引出该讲的主要内容
2. 通过提问、分析，引出影响体温、脉搏和呼吸数生理性波动的因素
3. 通过线路图阐明体温、脉搏和呼吸数三者之间的关系</td></tr>
<tr><td>留悬念</td><td>1. 体温升高依据不同的判定标准出现怎样的分类？
2. 体温曲线和热型的变化会受哪些因素的影响？
3. 整体检查完毕，应进一步进行系统检查，心血管系统该如何检查？</td></tr>
<tr><td rowspan="3">三种方法</td><td>比喻</td><td>1. 以疾病的“指航灯”喻 3 项基础指标
2. 以“生命的曲线”喻体温曲线和热型
3. 以“三大基石”喻体温、脉搏和呼吸数之间的关系</td></tr>
<tr><td>结构</td><td>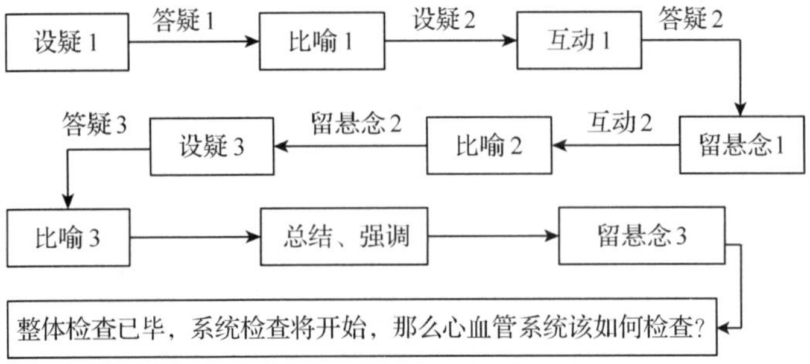
</td></tr>
<tr><td>互动</td><td>1. 影响体温、脉搏、呼吸数生理性变动的最主要因素
2. 体温升高的不同划分</td></tr>
<tr><td colspan="2">教学后记</td><td></td></tr>
</table>

体温、脉搏、呼吸数是动物生命活动的重要指标。在正常情况下，除受外界气候及运动、使役等环境的暂时性影响外，一般变动在一个较为恒定的范围内。但是在病理过程中，受病原因素的影响，发生不同形式的变化。因此，在临床上测定这些指标，在诊断疾病和分析病程的变化上有着重要的意义。

一、体温测定

(一)健康动物的体温变动范围

黄牛、乳牛 37.5 ~39.5℃；马 37.5 ~38.5℃；骡 38.0 ~39.0℃；驴 36 ~38℃；犬 37.5 ~39.0℃；猫 38.5 ~39.5℃；羊、山羊38.0 ~40.0℃。

(二)体温的生理性变动(与基础代谢有关)

(1)年龄　幼龄高而成年低。

(2)品种　蒙古羊及蒙古阉牛低。

(3)营养　营养好体温高。

(4)生产性能　高产奶牛体温高。

(5)性别　母畜高，特别是妊娠后期及分娩前。

(6)兴奋、运动、使役及采食后体温高。

(7)外界气温　冬低夏高。

(8)昼夜　晨低，午后高。

(三)体温升高的病理变化及临床意义

1. 发热的程度

(1)微热　>0.5 ~1.0℃。见于局限性炎症，如感冒、口炎、鼻卡他及胃卡他等。

(2)中热　>1 ~2℃。见于消化道和呼吸道一般性的炎症及某些亚急性和慢性传染病，如胃肠炎、咽炎、支气管炎、结核病、布氏杆菌病等。

(3)高热　>2 ~3℃。见于急性传染病和实质器官广泛性炎症，如猪瘟、牛瘟、牛肺疫、流行性感冒、大叶性肺炎、小叶性肺炎等。

(4)最高热　>3℃。见于某些严重的传染病，如猪丹毒、炭疽、中暑等。

2. 体温曲线和热型

(1)稽留热

① 特征：高热持续时间长，昼夜温差在 1℃内。

② 临床意义：猪瘟、猪丹毒、牛肺疫、流行性感冒、大叶性肺炎等。

(2)弛张热

① 特征：高热持续时间长，而且波动范围大，昼夜温差超过1℃。

② 临床意义：见于小叶性肺炎、化脓性疾病、败血症及非典型传染病。

(3)间歇热

① 特征：体温突然上升，达到高峰后持续数小时，又迅速将至正常水平，无热期可持续一天或数天，无热期和高热期在短时间内交替出现。

② 临床意义：见于血孢子虫病和马传染性贫血。

(4)回归热

① 特征：与间歇热相似，只是间隔时间较长。

② 临床意义：见于急性或慢性马传染性贫血。

(5)不定型热

① 特征：体温曲线无规律。

② 临床意义：见于非典型经过的疾病，如布氏杆菌病、慢性结核病。

(6)双相热

① 特征：呈马鞍形。

② 临床意义：见于犬瘟热。

3. 发热病程

(1)急性发热

① 特征：发热持续1~2周。

② 临床意义：见于炭疽、马腺疫、传染性胸膜肺炎等。

(2)亚急性发热

① 特征：发热持续3~6周。

② 临床症状：见于血斑病、鼻疽等。

(3)慢性发热

① 特征：发热持续数月至一年。

② 临床意义：见于牛结核、慢性鼻疽等。

(4)一过性发热

① 特征：发热持续1~2d。

② 临床意义：见于注射血清疫苗、一时的消化紊乱等。

4. 发热的综合症状

(1)恶寒战栗　见于发热初期，因过热引起皮肤血管收缩。

(2)被毛逆立，皮温不均，末梢厥冷。

(3)呼吸和脉搏增数。

(4)消化紊乱，食欲减退。

(5) 尿量减少，尿中出现蛋白质，甚至肾上皮细胞和管型。

(四) 体温降低的临床意义

见于贫血、休克、严重营养不良等。

二、测定脉搏

1. 脉搏的测定方法

马通常检查颌外动脉，牛检查尾动脉，小动物检查股动脉或肱动脉。

2. 正常动物的脉搏(次/min)

黄牛、奶牛 50 ~ 80；马、骡 26 ~ 42；驴 42 ~ 54；猪 110 ~ 130；羊、山羊 70 ~ 80；犬 70 ~ 120。

3. 脉搏的生理性波动

(1) 年龄　幼龄明显比成年快。

(2) 性别　母畜较公畜快。

(3) 品种　蒙古羊及蒙古阉牛较慢。

(4) 生产性能　高产奶牛快，妊娠后期也见增加。

4. 脉搏的病理性变化

(1) 脉搏次数增多　主要见于发热性疾病、传染病、疼痛性疾病、中毒病、营养代谢病、心脏疾病和严重的贫血性疾病。

(2) 脉搏次数减少　见于引起颅内压升高的脑病，胆血症、某些毒物中毒或药物中毒。

三、测定呼吸数

1. 呼吸数的测定方法

(1) 利用胸廓的起伏动作或鼻翼的开张动作进行计数。

(2) 通过听取呼吸音来计数。

(3) 寒冷时观察鼻孔呼出的气流。

(4) 鸡可观察肛门羽毛的抽动而计算。

2. 健康动物的呼吸数(次/min)

黄牛、奶牛 10 ~ 30；马骡 8 ~ 16；羊、山羊 12 ~ 30；猫、狗 10 ~ 30。

3. 呼吸数的生理性波动

(1) 年龄　幼龄比成年多。

(2) 品种　蒙古羊和蒙古阉牛的呼吸数较慢。

(3) 生产性能　高产奶牛其呼吸数快。

(4) 外界温度、运动、体位姿势　牛饱食侧卧也可引起呼吸数增多。

4. 呼吸数的病理性波动

(1)呼吸数增多

① 见于呼吸器官本身的疾病，如肺炎、支气管炎、鼻炎、猪肺疫、传染性胸膜肺炎等。

② 见于多数的发热性疾病，包括发热性的传染病和非传染病。

③ 心力衰竭及贫血。

④ 见于呼吸活动受阻，如肠臌气、瘤胃臌气、肋骨骨折等。

⑤ 见于剧烈疼痛性疾病，如马、骡的腹痛病等。

⑥ 见于中枢兴奋性增高的疾病，如脑充血、脑膜及脑膜炎等。

(2)呼吸数减少

① 见于颅内压升高的疾病，如脑肿瘤、脑室积水等。

② 中毒及中度代谢紊乱。

(3)体温、脉搏和呼吸曲线

① 三者同升，提示病情加剧；三者同降，提示病情好转。

② 体温下降而脉搏和呼吸数升高，说明机体的反应能力显著衰弱或心脏机能进一步恶化，多提示预后不良；反之亦然。

课后作业

一、名词解释

1. 稽留热 2. 弛张热 3. 回归热 4. 双相热 5. 不定型热 6. 微热 7. 中热 8. 高热 9. 最高热 10. 一过性发热 11. 慢性发热

二、填空题

1. 临床上常见的热型有__________、__________、回归热和________。

2. 写出以下动物的正常体温范围：牛______℃，马______℃，羊______℃。

3. 按照病程的长短，发热可分为________、________、________和一过性热。

4. 体温降低常见于__________、________和__________。

三、选择题

1. 若牛表现出鼻镜干燥的症状，则提示该牛(　　)。

A. 发热　　B. 发冷　　C. 发绀　　D. 发情

2. 稽留热与弛张热的主要区别在于(　　)。

A. 高热持续时间的长短　　B. 昼夜的温差是否大于1℃

C. 体温升高的程度　　D. 无热期的长短

3. 回归热与间歇热的体温曲线(　　)。

A. 相似　B. 相同　C. 相异　D. 相关

4. 下列哪种疾病可以出现典型的双相热?(　　)

A. 猪瘟　B. 牛瘟　C. 鸡瘟　D. 犬瘟热

5. 体温曲线、脉搏曲线和呼吸曲线同时升高，提示(　　)。

A. 病情好转　B. 病情加剧　C. 预后不良　D. 抵抗力增强

6. 体温曲线如马鞍形的热型是(　　)。

A. 稽留热　B. 弛张热　C. 间歇热　D. 双相热

四、判断题

1. 动物的品种不同其体温也不同，如蒙古羊的体温就要比其他品种羊的体温高。(　　)

2. 高热主要见于急性传染病和实质器官广泛性炎症，如猪瘟、牛瘟及大叶性肺炎等。(　　)

3. 弛张热的波动范围较大，常可降至正常体温。(　　)

4. 体温降低常见于贫血、休克、严重营养不良和细菌感染。(　　)

5. 脉搏可因动物的品种不同而不同，如蒙古阉牛的脉搏搏动就比其他品种的牛慢。(　　)

6. 体温降低而脉搏升高，说明机体的反应能力显著衰弱。(　　)

7. 慢性发热可持续数月至一年有余。(　　)

8. 体温升高 3℃ 以上称为高热，常见于牛瘟和牛肺疫等。(　　)

五、问答题

1. 在测定体温时应该注意哪些问题?

2. 请写出几种测定呼吸的方法。

3. 根据体温曲线和热型，发热可分为哪几种？其各自的特征是什么?

4. 稽留热和弛张热有何异同点?

5. 在疾病诊断过程中，为什么首先要测定动物的体温?

6. 呼吸曲线、脉搏曲线和体温曲线之间的变化，分别反映了机体处于什么样的状态?

7. 在进行疾病诊疗时，为什么要首先测定动物的体温?

六、病例分析题

拉布拉多犬，8 个月，体重 25kg。主人感觉近两天食欲有所下降，前来就诊。临床检查，体温 39.5℃，鼻端湿润，精神良好，无明显异常。血常规检测结果显示白细胞总数严重降低，其余指标无明显变化。兽医建议拉布拉多犬进行犬瘟热抗原检测，结果犬瘟热抗原为阳性，遂诊断为犬瘟热。

(1)当时拉布拉多犬并无犬瘟热症状，兽医为什么建议进行犬瘟热抗原检测？

(2)白细胞减少有什么临床意义？

(3)犬瘟热有哪些典型症状？

(4)该病例可为我们提供什么样的启示？

七、专业作文题

兽医的首要武器

无论有没有现代化的诊疗设备，体温计都是兽医当之无愧的第一武器。

先进诊疗设备难求，常规体温计易得。善待、擅用体温计是做好一名兽医的基础，否则一切都无从谈起。常见或常听说一些畜主和某些所谓的兽医给动物无缘由地应用退烧药，其原因竟是感觉动物发烧了。触诊固然是检查动物皮温的一种基本方法，但那是建立在高烧的基础上，否则，哪有那么灵敏的手，可以准确感知动物体温的些许变化？没有体温计就敢开诊所，就敢给动物治病，这比没有执照更可怕。没有兽医的首要武器，如何能够面对复杂纷呈的疾病？简直不敢想象。

通常所谓的退烧药，一来对体温正常的动物无效；二来存在着降低机体免疫力的副作用，应用时应当慎重。再者，有烧即退就是治疗的金标准吗？用包不同的话来说，就是：非也！非也！适当的体温升高，对疾病的治疗有益无害。体温升高，多数病原微生物的增殖会得到抑制；体温升高，抗体水平也会相应提高；体温升高，还能延缓肿瘤的生长。只要体温不是过高，大可置之不理，它是帮助我们治疗疾病的天然同盟军。但是，体温一旦过高，就必须尽快降温，因为持续高温会破坏大脑及其他细胞、组织。

监测体温就是监视疾病，懂得体温变化对生命的意义，才算真正迈进了兽医的门槛。

根据上述材料和授课内容写一篇关于体温计或体温测定的作文，要求语言通俗，文字流畅，能够反映体温变化对临床诊疗的意义。字数不少于500字，题目自拟。

第9讲 心脏的检查（之二）

兽医临床诊断学理论课教案

<table>
<tr><td colspan="2">讲　次</td><td>第9讲　心脏的检查（之一）</td></tr>
<tr><td colspan="2">教学内容</td><td>1. 心脏的视诊、触诊和叩诊
2. 心音的组成及鉴别</td></tr>
<tr><td rowspan="3">三条原则</td><td>设疑</td><td>1. 依据心脏特点，心脏检查的主要方法有哪些？
2. 不同动物的心脏叩诊区如何确定？
3. 心音是由哪些不同声音共同组成的？</td></tr>
<tr><td>答疑</td><td>1. 以提问、互动的方式提出主要的检查方法及各方法的应用价值
2. 以图解的方式讲解、分析不同动物心脏叩诊区的确定
3. 以列表比较的方式分析不同心音的鉴别要点</td></tr>
<tr><td>留悬念</td><td>1. 心搏动强弱是依据检查者手的感觉而定的，那么它可能与哪些因素有关？
2. 心脏叩诊区有哪些病理变化？
3. 心脏是如何听诊的？有哪些常见的病理变化？</td></tr>
<tr><td rowspan="3">三种方法</td><td>比喻</td><td>1. 以广告词“心随我动，大阳摩托”喻心悸
2. 以“不安分的心”喻心脏叩诊区的变化
3. 以“关门声”喻心音的组成</td></tr>
<tr><td>结构</td><td>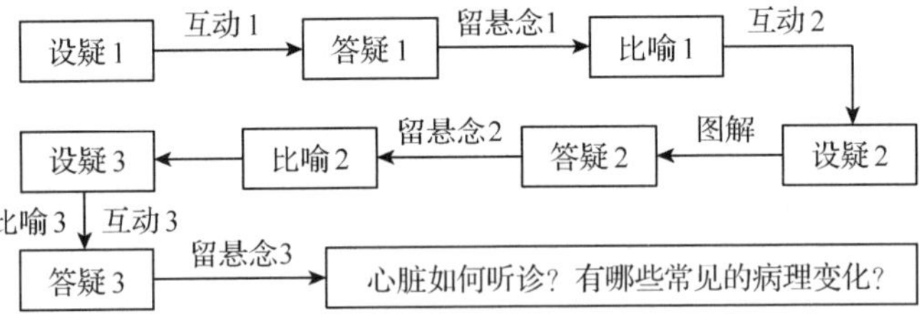
</td></tr>
<tr><td>互动</td><td>1. 心脏的主要检查方法及临床应用价值
2. 心搏动减弱的原因分析
3. 以回忆的方式共同探讨心音的组成</td></tr>
<tr><td colspan="2">教学后记</td><td></td></tr>
</table>

心血管检查的方法有视诊、触诊、叩诊、听诊及特殊检查方法等。

视诊，主要观察心搏动情况，全身静脉瘀血及颈静脉波动；触诊，主要检查心搏动、脉搏情况，心区有无疼痛及震颤等；叩诊，主要了解心浊音区有无改变和有无疼痛反应等；听诊，主要检查心音的频率、性质、节律、有无杂音和其他附加音等；特殊检查，是通过心电图、X光造影、血压计等仪器进行辅助性诊断。

一、视诊

视诊主要从胸壁起伏的状态来判断心搏动的强弱，但对于皮厚肌丰厚的动物，没什么诊断意义。

二、触诊

1. 心搏动增强

(1)心机能亢进　见于发热病的初期、剧烈疼痛、贫血、心脏病的代偿期和病理性心肥大。

(2)心悸　伴随着心波动而引发的全身性震颤。见于急性心包炎、心内膜炎等(注意与膈肌痉挛相区别)。

2. 心搏动减弱

(1)心脏收缩力下降　见于心脏的代偿障碍，如心力衰竭等。

(2)胸壁肥厚　见于纤维蛋白性胸膜炎及胸壁浮肿等。

(3)胸壁与心脏之间的状态改变　见于胸膜炎、胸腔积液、心包炎等。

3. 心搏动移位

(1)前移　见于胃扩张、腹水、膈疝、瘤胃臌气等。

(2)右移　见于左侧的胸腔积液。

4. 心区敏感

表现为躲闪、反抗等疼痛症状，见于胸膜炎及心包炎等。

三、叩诊

1. 正常的心浊音区

(1)牛　左侧3~4肋间，胸廓下1/3的中间部。

(2)马　左侧第3肋间，顶点距肩关节下4~6cm处，引一弧线到第6肋间。

(3)犬、猫　左4~6肋间，上缘达肋骨和肋软骨结合部。

2. 心脏叩诊区的病理变化

心脏叩诊区的变化，不仅要考虑心脏的病变，还要考虑肺脏的病变。

（1）心浊音区扩大　见于心扩张和心肥大（如心瓣膜病、心肌炎、心肌变性、过劳等）及心包炎。

（2）心浊音区缩小　主要见于肺气肿、肺水肿和胸腔积气等。

四、听诊

心音是随着心室的收缩与舒张的活动而产生的声音，通过心音听诊可推断心脏的功能及血液循环的状态，在心脏病的诊断中占有重要地位。

1. 心音的组成

（1）第一心音　发生于心收缩时的心音，其主要组成部分是二尖瓣和三尖瓣突然关闭，瓣膜发生强烈振动而产生的声音。另外还有肺动脉瓣和主动脉瓣开启的声音，以及血液变速冲击血管壁的声音。

（2）第二心音　发生于心舒张时的心音，其主要成分是肺动脉瓣和主动脉瓣关闭，瓣膜强烈振动而产生的声音。另外，还有二尖瓣和三尖瓣开启的声音以及血液变速冲击血管壁的声音。

2. 心音的鉴别（表 9-1）

表 9-1　第一心音与第二心音的区别

鉴别要点	第一心音	第二心音
特点	低而浑浊，持续时间长、尾音也长	较高，持续时间较短，尾音终止突然
最强部位	心尖部	心底部
心音间时距	到第二心音，短	到第一心音，长
与心搏动、脉搏的关系	同时	不同时

课后作业

一、名词解释

1. 心悸　2. 第一心音　3. 第二心音

二、填空题

1. 引起心搏动减弱的原因有________、________和________。

2. 胸壁与心脏之间的介质是指________、________和________。

3. 牛的心脏位于________肋间，马的心脏位于______肋间。

4. 心脏浊音区缩小并不是心脏缩小引起的，而是________增大导致的，所以经常用相对浊音区表述。

5. 心搏动前移主要见于______升高的疾病。

三、选择题

1.“心随我动，大阳摩托”是一句广告词，若改为“我随心动，全身震颤”，就成了兽医临床上的一种疾病表现，请问这种疾病是(　　)。

A. 膈肌痉挛　B. 心悸　C. 心力衰竭　D. 心动过速

2. 下列哪种疾病会使心搏动右移？(　　)

A. 胃扩张　B. 腹水

C. 瘤胃臌气　D. 左侧胸腔积液

3. 心脏浊音区缩小见于(　　)。

A. 肺气肿　B. 心肌炎　C. 心包炎　D. 肺炎

4. 第一心音的特点是(　　)。

A. 较高，持续时间较短，尾音终止突然

B. 低而钝浊，持续时间长，尾音也长

C. 较高，持续时间长，尾音也长

D. 低而钝浊，持续时间短，尾音终止突然

5. 第二心音的最强听诊部位在(　　)。

A. 心底部　B. 心尖部　C. 心耳部　D. 冠状动脉部

6. 第一心音的主要组成部分是(　　)。

A. 二尖瓣和三尖瓣的突然开启

B. 二尖瓣和三尖瓣的突然关闭

C. 主动脉瓣和肺动脉瓣的突然开启

D. 主动脉瓣和肺动脉瓣的突然关闭

四、判断题

1. 心悸是伴随着心搏动而发生的全身性震颤。(　　)

2. 胃扩张、腹水、膈疝以及左侧胸腔积液都可以导致心搏动前移。(　　)

3. 马的正常浊音区是左侧 3 ~ 4 肋间，胸廓下 1/3 的中间部。(　　)

4. 心脏收缩力减弱是导致心脏触诊时心搏动减弱的唯一原因。(　　)

5. 心搏动前移多数情况下与心脏本身无关，是腹内压升高所致的被动过程。(　　)

五、问答题

1. 导致心搏动减弱的原因有哪些？每一种原因又包含哪些常见的疾病？

2. 简述第一心音和第二心音的区别。

3. 马的心脏相对浊音区如何确定？

4. 牛的心脏相对浊音区如何确定？

六、病例分析题

【基本信息】京巴犬，13 岁，雌性，体重 8.7kg。

【主诉】最近 6 个月左右，该犬经常在早晨和傍晚咳嗽，有时还伴有少量鼻液。平时饮欲与食欲均无异常。最近几天咳嗽特别严重，特别是后半夜时特别明显。曾在家喂过阿莫西林、甘草片，但症状一直没有明显好转。到动物医院就诊，值班医生看到该犬有浆液性鼻液、体温正常、呼吸稍快、呼吸音略显粗粝，就立即诊断为支气管炎，并告知主人不用担心，用药 3d，症状即可缓解。治疗主要使用头孢曲松钠配合阿米卡星。但 3d 后症状非但没有减轻，反而呈加重趋势，遂转院。

【转院检查】舌苔黄厚，可视黏膜发绀，且运动不耐受，稍运动后即呼吸困难、咳嗽加重；听诊心率失常，心音杂乱，胸部触诊有震颤；胸部 X 线检查，可见左心室、左心房扩张，肺脏轻度水肿；B 超检查，可见心缩期左心室血液逆流进入心房；血常规检查白细胞总数和粒细胞总数均升高。

(1)咳嗽是否都是由呼吸系统疾病引起的?

(2)首次接诊的动物医院在诊疗过程中存在什么问题?

(3)该犬所患何病?

(4)该病例可为我们提供什么样的启示?

七、专业作文题

有人认为，兽医是一个强调实践，以解决实际生产中动物健康问题为主旨的专业，因此不需要过硬的理论知识。很多同学参加完生产实习之后，因不会看病而信心全无，对基层兽医由羡慕到仰慕，而对“光说不练”的专业教师由信任转为怀疑。同时也认为理论学习毫无必要，至少说没有那么重要。你是如何看待理论知识在兽医专业中的作用的？请写出不少于 500 字的观点论述，要求观点鲜明，论述有理有据，题目自拟。

第10讲

心脏的检查（之二）

兽医临床诊断学理论课教案

讲　次		第 10 讲　心脏的检查(之二)
教学内容		1. 心脏的听诊方法 2. 心音的病理变化 3. 心杂音
三条原则	设疑	1. 心音的病理变化可体现在哪些方面? 2. 心音性质是如何改变的? 3. 心包拍水音和心包摩擦音是如何产生的?
	答疑	1. 通过引导、启发和互动等方式由学生自行寻找答案 2. 结合病理学知识逐一解释相关病变的成因 3. 通过病变形成的过程及特征解释心包拍水音和心包摩擦音与心包炎的关系
	留悬念	1. 除了心音的同时增强或减弱外，是否可能实现单独的增强或减弱? 2. 除了心音自身性质的改变外，是否还会有许多杂音伴随? 3. 血管如何检查? 血液怎样采集? 采血后又需做何处理?
三种方法	比喻	1. 以“钟摆的等时性”喻钟摆律的病理特征 2. 以“关门时间的不一致”喻心音的分裂和重复 3. 以“先天不足，后天发挥有限”喻器质性杂音和机能性杂音
	结构	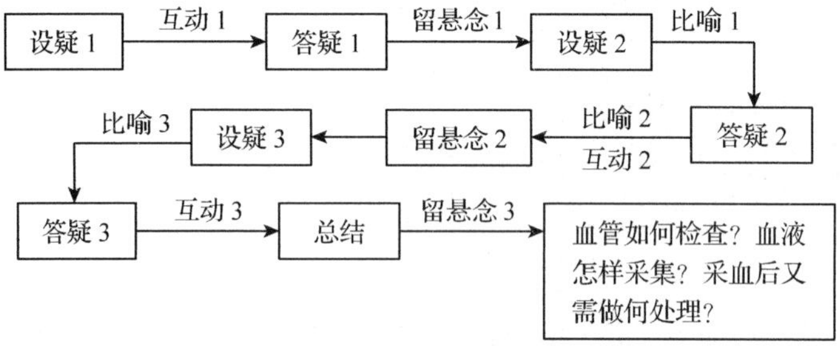
	互动	1. 心音病理变化的具体体现 2. 心音的分裂与重复的区分 3. 创伤性心包炎发生后是否就一定能够听到心包拍水音或心包摩擦音
教学后记		

一、心音的病理变化

1. 心音增强

（1）第一心音增强（第二心音减弱）

① 原因：心脏的收缩力增强和瓣膜的紧张度增高。

② 特征：第一心音强大、震耳。

③ 临床意义：见于发热性疾病、贫血、脱水、心脏肥大、心内膜炎及某些中毒。

（2）第二心音增强（第一心音减弱）

① 原因：主动脉和肺动脉压升高。

② 特征：第二心音高朗。

③ 临床意义：见于中毒性衰竭、牛结核、口蹄疫等。

2. 心音性质的改变

（1）钟摆律

① 原因：心肌严重损伤。

② 特征：第一心音和第二心音难分彼此，间隔时间大致相等。

③ 临床意义：见心肌炎等。

（2）金属音

① 原因：心脏周围有含气的大空腔。

② 特征：心音具有金属调。

③ 临床意义：见于胸腔积气、创伤性心包炎、肺空洞等。

3. 心音分裂和重复

（1）第一心音分裂和重复　见于一侧性心室衰弱或肥大及一侧束支传导阻滞。

（2）第二心音分裂和重复　见于二尖瓣狭窄或房室间隔缺损所致的肺动脉高压。

4. 奔马调

附加心音，音似奔马。见于心肌炎、创伤性心包炎、心室扩张等。

二、心杂音

在某些病理过程中，在心音以外出现的一种具有不同频率、不同强度、持续时间较长的夹杂声音。它可与心音分开，或相连续，甚至完全遮盖心音，对于心脏疾病的诊断具有重要意义。

1. 心内杂音

心内杂音是伴随心跳而产生的心音以外持续时间较长的声音，它可与心音分开或相连续，甚至完全覆盖心音。

(1)心音的分类

① 器质性杂音：是指瓣膜和心脏内部具有解剖形态学变化而发生的杂音。

② 机能性杂音：是瓣膜和心脏内部未发现有明显的病理学变化而出现的杂音。

(2)心内杂音产生的机理

① 血流通道狭窄：主要是瓣膜或瓣膜口发生了器质性的改变，或心室扩张引起瓣口相对狭窄，血流通过狭窄部位产生漩涡运动或湍流而形成杂音，见于心内膜炎、风湿病、马腺疫、心肌营养不良等。

② 瓣膜闭锁不全：因瓣膜的器质性变化或瓣膜的弹性丧失，使瓣膜不能完全闭锁，血液经过闭锁不全的部位会产生漩涡而出现杂音，见于心内膜炎、心肌炎等。

③ 血流加速：当机体血液在管腔中流速加快，产生漩涡运动，使心壁和血管壁发生震动而出现杂音，见于发热性疾病、贫血等。

④ 异常血流通道：在心腔内或大血管间存在异常通道，如室间隔缺损、卵圆孔未闭等，血液经过这些异常通道时会形成漩涡而产生杂音，主要见于幼畜。

⑤ 心腔内异物：心室内乳头肌等断裂的残端漂浮，可干扰血液层流而出现杂音。

(3)器质性杂音与机能性杂音的区别　器质性杂音与机能性杂音存在本质的区别，在临床上可通过听诊予以鉴别。二者在出现时间、性质、持续时间、强度、传导性和稳定性等方面均存在较大差异(表10-1)，仔细听诊，认真辨别，可以清楚地区分。

表10-1　器质性心内杂音和机能性心内杂音的区别

鉴别要点	器质性心内杂音	机能性心内杂音
出现时间	心收缩期和舒张期	心收缩期
性质	尖锐、粗糙、锯木样或搔抓样	柔和、风吹样
持续时间	短促	较长，常为全收缩期
强度	明显、响亮	明显，不响亮
传导性	沿血流方向传导，远而广	局限，传导不远
稳定性	持续存在	病好则减，或消失
运动或应用强心剂	杂音增强	杂音改变不定

2. 心外杂音

(1)心包摩擦音

① 原因：心包壁层与脏层之间纤维蛋白沉着。

② 特征：音质粗糙，呈捻发音。

③ 临床意义：见于心包炎。

(2)心包拍水音

① 原因：心包内积聚了大量液体。

② 特征：似击水的声音，甚至带金属声。

③ 临床意义：见于心包炎。

(3)心包–胸膜摩擦音　见于纤维性心包炎。

课后作业

一、名词解释

1. 心杂音　2. 心音分裂　3. 奔马调　4. 钟摆律　5. 心包摩擦音　6. 器质性杂音　7. 机能性杂音　8. 心内杂音　9. 心外杂音　10. 心包拍水音

二、填空题

1. 心内杂音可分为________和__________。

2. 第一心音分裂或重复是由________和________关闭时间不一致造成的。

3. 心内器质性杂音是__________的特征。

4. 常见的心外杂音有__________、__________和__________。

5. 心内杂音产生的机理包括血流通道________，瓣膜闭锁________，血流________，异常血流________和心腔内________。

6. 心包摩擦音和心包拍水音常是________的特征。

7. 第一心音增强的原因是心脏的收缩力________和瓣膜的紧张度________。

三、选择题

1. 第一心音和第二心音彼此难分，间隔时间大致相等，这种心音性质被称为(　　)。

A. 心音分裂　B. 心音重复　C. 金属音　D. 钟摆律

2. 非器质性杂音的性质是(　　)。

A. 尖锐　B. 粗糙　C. 锯木样　D. 柔和、风吹样

3. 机能性杂音产生的原理是(　　)。

A. 血流加速　B. 血流通道狭窄

C. 异常血流通道　D. 瓣膜变形

4. 关于器质性杂音的描述，正确的选项是(　　)。

A. 出现在心收缩期，持续时间短促，传导远

B. 出现在心收缩期，持续时间较长，传导不远

C. 出现在心舒张期，持续时间较长，传导不远

D. 出现在心收缩期和舒张期，持续时间短促，传导远

四、判断题

1. 第一心音增强主要是由于主动脉压和肺动脉压升高造成的。(　　)

2. 器质性杂音一般见于心收缩期和舒张期。(　　)

3. 在一定程度上，心音分裂与心音重复是同一种病理过程。(　　)

4. 第二心音减弱实质上就是第一心音增强。(　　)

5. 发生心包炎时，心脏听诊一定可以听到心包摩擦音或心包拍水音。(　　)

6. 听诊心脏时，出现的金属音实质上是心脏外的杂音。(　　)

五、问答题

1. 简述器质性杂音和机能性杂音的区别。

2. 心音性质的改变包括哪些类型？每种类型的原因、特征和临床意义是什么？

3. 依据临床基本方法推断创伤性心包炎有哪些症状？

4. 在进行心脏听诊时，应该注意哪些病理性杂音？

5. 心内杂音是如何产生的？

六、病例分析题

【基本信息】京巴犬，7 岁，雌性，体重 6.2kg。

【主诉】半年来，该犬经常咳嗽、气喘，带至动物医院，一直按肺源性心脏病治疗，曾给予贝那普利、匹莫苯丹、呋塞米等药物，但效果不佳，症状一直无明显改善，而且胸、腹下伴有水肿，犬主感觉到病情加重，进而转院治疗。

【转院检查】体温 37.7℃，精神萎靡，可视黏膜苍白，呼吸加快，心音亢进，脉搏细弱，心内有杂音，运动不耐受，机体消瘦，被毛粗乱，皮肤瘙痒，病犬抓挠皮肤并有多处皮肤破溃，中心有脓性结痂。血常规检查红细胞数量和血红蛋白含量严重下降。刮取皮肤结节进行组织压片，未发现螨虫，发现有缠绕的线状虫体。采集末梢血，进行寄生虫检查，发现微丝蚴。

(1)前一动物医院在诊疗过程中存在什么问题？

(2)该犬可能患有什么疾病？

(3)寄生虫病的诊治需要考虑哪些因素？

七、专业作文题

现代动物医院均有 X 线机、超声仪和心电图仪等先进诊疗设备，因此心脏的听诊和叩诊已经失去了原来的意义。对此，你的观点是什么？你认为临床检查还有没有存在的意义？现代诊疗设备是否可以取代传统的听诊器和叩诊器？请根据上述材料，写一篇议论性文章，要求字数不少于 500，题目自拟。

第11讲

血管的检查及采血与抗凝

兽医临床诊断学理论课教案

讲　次		第 11 讲　血管的检查及采血与抗凝
教学内容		1. 血管检查 2. 不同动物血液的采集方法 3. 抗凝剂的种类及其特点
三条原则	设疑	1. 血管检查包括哪些内容？如何通过血管的性质来判断疾病？ 2. 不同动物的常规采血部位是否相同？ 3. 采集后的血样应如何处理？ 4. 如何根据检查项目的不同有针对性地选择抗凝剂？
	答疑	1. 从回忆脉搏检查切入，逐步扩展到全部的血管检查内容 2. 采用讨论互动的方式探讨不同动物采血部位的选择 3. 通过概念比较逐一阐述血样的处理之法 4. 通过对凝血过程的复习引入抗凝原理，通过抗凝剂对红细胞的影响探讨其适用范围
	留悬念	1. 万物有阴阳，颈静脉波动也是如此，那么颈静脉波动的阴阳如何判断？又有什么诊断意义？ 2. 末梢采血，如何处理第一滴血？ 3. 目前有哪些常用的抗凝剂？它们的抗凝原理是什么？ 4. 红细胞如何检查？通过红细胞检查能够探知哪些疾病信息？
三种方法	比喻	1. 以“软管缺水”喻静脉萎陷 2. 以“绳索微摆”喻静脉怒张
	结构	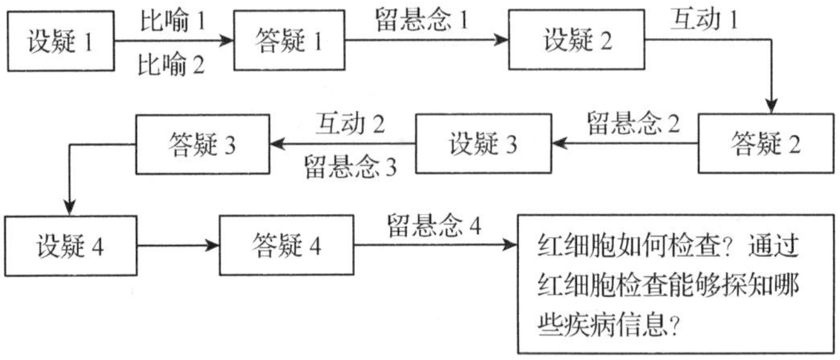
	互动	1. 不同动物血液采集的部位 2. 血液凝固的过程及原理 3. 血清与血浆的异同及其分离方法
教学后记		

检查动脉和静脉非常重要，首先要注意测定脉搏的频率，其次要注意其性质及节律、脉数的检查。另外，要注意脉搏是否与心脏一致，这对于判断疾病的预后有重要意义。

一、动脉检查

1. 脉搏检查的部位

马：颌外动脉；牛：尾动脉；中小动物：股动脉或肱动脉。

2. 脉搏的性质

(1)脉搏的强弱　大脉和小脉。

(2)脉搏的紧张度　硬脉和软脉。

(3)脉搏的升降速度　迟脉和速脉。

(4)脉管的充盈度　实脉和虚脉。

二、静脉检查

1. 静脉的充盈度检查

(1)静脉怒张

① 原因：局部静脉管受压，心力衰竭或引起胸内压升高的疾病。

② 特征：呈绳索状。

③ 临床意义：见于乳房炎、创伤性心包炎等。

(2)静脉萎陷

① 原因：血管衰竭，大量血液淤积在毛细血管床内。

② 特征：针插不见血。

③ 临床意义：见于休克、严重毒血症等。

2. 颈静脉波动(表 11-1)

(1)阴性波动

① 原因：心脏衰弱，右心淤滞。

② 特征：按压颈静脉中部，两头波动均消失。

(2)阳性波动

① 原因：三尖瓣闭锁不全。

② 特征：按压颈静脉中部，远心端波动消失，而近心端波动存在。

(3)伪性波动

① 原因：颈动脉波动过强。

② 特征：颈静脉沟发生波动，与心脏搏动和脉搏搏动同时。

③ 临床意义：见于主动脉闭锁不全。

表 11-1 颈静脉波动性质的判定

	阴性波动	阳性波动	伪性波动
与心脏活动的关系	与心房收缩一致	与心室收缩一致	与心搏动一致
与动脉脉搏的关系	不一致	一致	一致
手指压迫颈静脉中部的效应	近心端及远心端的波动明显减弱	远心端波动消失，近心端仍然波动	近心端及远心端的波动均不消失
心动过速的影响	明显	明显	不明显

三、血液采集

由于血液在机体内的作用十分重要，它与各器官系统有密切的联系。血液成分的变化直接影响各器官系统，以至全身的功能；反之，各器官系统发生了改变，也会直接影响血液的成分。因此，临床检查血液变化对疾病的诊断有重要价值。

1. 静脉采血

(1)颈静脉　马、牛、羊、驴、骡。

(2)耳静脉　羊、犬、猫、兔。

(3)翅内静脉　家禽。

(4)前臂头静脉　犬、猫。

(5)前腔静脉　猪。

2. 末梢采血

(1)耳尖部　马、牛。

(2)耳背边缘小静脉　猪、羊、兔。

(3)冠或肉髯　鸡、鸭、鹅。

(4)尾尖　小白鼠。

3. 心脏采血

兔、豚鼠、家禽。

四、血样处理

1. 末梢血的处理

一般情况擦去第一滴血，取第二滴血进行相应的检测；若进行寄生虫的检测，则应取第一滴血。血液以自然流出为宜，不可强行挤压。

2. 大量血样的处理

(1)全血　不加抗凝剂，在凝固前迅速使用。

(2)血浆　加抗凝剂，2000～3000 r/min 离心 5～10min，也可静置，上层液即为血浆。

(3)血清　不加抗凝剂，37℃水浴 30min，然后离心，也可放 4℃冰箱内过夜。

五、血液抗凝

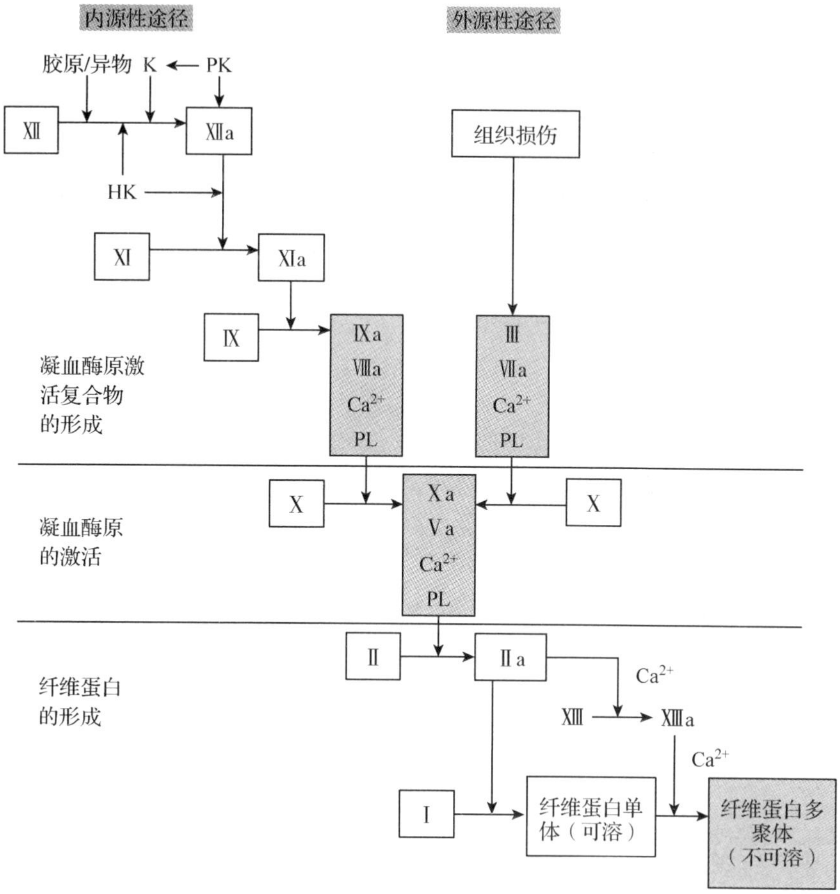

1. 草酸盐

(1)抗凝原理　与血液中钙离子形成不溶性草酸钙。

(2)用量　2mg抗凝1mL血。常用10%溶液，在45～55℃下干燥。

(3)适用范围　适用于血液细胞学检查和红细胞压积的测定。不能用于非蛋白氮、血氨等含氮物质的测定以及钾钙的测定。

(4)配方　草酸钾0.8g，草酸铵1.2g，蒸馏水100mL(注：草酸钾使血细胞皱缩，草酸铵使血细胞膨大，混合后相抵)。

2. 枸橼酸钠

(1)抗凝原理　与血液中的钙离子形成非离子化的可溶性钙化合物。

(2)用量　5mg抗凝1mL血。常用3.8%或4%溶液。

(3)适用范围　主要用于细胞沉降速率的测定和输血。

3. 乙二胺四乙酸二钠

(1)抗凝原理　与钙离子形成EDTA－Na_2螯合物而抗凝。

(2)用量　1～2mg抗凝1mL血。常用10%溶液。50～60℃下干燥。

(3)适用范围　血液学检查，尤其是血液有形成分的检查。

4. 肝素钠

(1)抗凝原理　主要是抑制凝血酶原转化为凝血酶，纤维蛋白酶原转化为纤维蛋白。

(2)用量　20IU(1mg＝126IU)抗凝1mL血。常用1%浓度。37℃下干燥。

(3)适用范围　大多数实验诊断检查。但因血细胞着色不佳，所以不适用于血液有形成分的检查。

课后作业

一、名词解释

1. 阳性搏动　2. 阴性搏动　3. 伪性波动　4. 静脉怒张　5. 静脉萎陷

二、填空题

1. 静脉过度充盈的原因有________、________和________。

2. 在做血液检查的时候，临床上常用的体外抗凝剂有________、________、肝素钠和________。

3. 静脉充盈度增加称为__________，静脉充盈度降低称为__________。

4. 颈动脉波动可分为________、________和________。

5. 静脉采血，马通常选取______，兔子通常选取______，犬和猫通常选取______。

6. 抗凝剂草酸盐是由______和______组成的。

7. 若进行血常规检查，选取的抗凝剂是________；若进行输血，选取的抗凝剂是________；若进行血液生化检查，选取的抗凝剂是________。

8. 草酸盐的配方：草酸钾________g，草酸铵________g，加蒸馏水100mL定容。

三、选择题

1. 颈静脉波动增强，若按压其中部，两头的波动均不消失，这种波动属于(　　)。

A. 阳性波动　B. 阴性波动　C. 伪性波动　D. 无波动

2. 颈静脉的阳性波动是由(　　)闭锁不全引起的。

A. 一尖瓣　B. 二尖瓣　C. 三尖瓣　D. 四尖瓣

3. 颈静脉的阴性波动与(　　)收缩一致。

A. 心房　　B. 心室　　C. 心脏　　D. 心尖

4. 肝素钠的抗凝原理是(　　)。

A. 与血液中钙离子形成不溶性草酸钙

B. 与血液中的钙离子形成非离子化的可溶性钙化合物

C. 与钙离子形成螯合物

D. 抑制凝血酶原转化成凝血酶，纤维蛋白酶原转化为纤维蛋白

5. 可用于血细胞分析仪的抗凝剂是(　　)。

A. EDTA - K_2　　B. 枸橼酸钠　　C. EDTA - Na_2　　D. 草酸盐

6. 小白鼠一般的采血方法为(　　)。

A. 心脏采血　　B. 前腔静脉采血　　C. 脚掌采血　　D. 断尾采血

7. 草酸盐抗凝剂的常用浓度为(　　)。

A. 10%　　B. 4%　　C. 3.8%　　D. 1%

8. 若要为动物输血，应选用什么抗凝剂？(　　)

A. 草酸盐　　B. 枸橼酸钠　　C. EDTA - Na_2　　D. 肝素钠

9. 若要进行白细胞分类计数，应选用下列哪种抗凝剂？(　　)

A. 草酸盐　　B. 枸橼酸钠　　C. EDTA - Na_2　　D. 肝素钠

10. 多少单位的肝素钠可以抗凝 1mL 血液？(　　)

A. 10 IU　　B. 20 IU　　C. 30 IU　　D. 40 IU

11. 采血后，将试管放入 4℃ 冰箱过夜，析出的清亮液体为(　　)。

A. 血浆　　B. 血清　　C. 全血　　D. 血液

12. 若采末梢血进行寄生虫检查，则通常取(　　)。

A. 第一滴血　　B. 第二滴血　　C. 第三滴血　　D. 第四滴血

13. 关于草酸盐抗凝剂，描述错误的是(　　)。

A. 可与血液中钙离子形成不溶性草酸钙，从而起到抗凝作用

B. 常用的浓度是 10%

C. 草酸盐抗凝剂是由草酸钙和草酸铵组成的

D. 草酸盐中，草酸钾使细胞皱缩，草酸铵使细胞膨大，混合后作用相抵

四、判断题

1. 正常情况下，马的颈静脉波动高度不超过颈的 1/2 处。(　　)

2. 肝素钠作为一种血液抗凝剂，其应用范围较广，适用于所有的实验室检验。(　　)

3. 获得血清的方法是加抗凝剂后低速离心，最后取上清液。(　　)

4. 颈静脉伪性波动是由颈动脉波动过强引起的。(　　)

5. 末梢采血通常取第一滴血进行检查。(　　)

6. 抗凝剂均有抗凝效果，任何一种都可以，不必根据检测项目进行选择。(　　)

7. 肝素的抗凝原理与草酸盐、EDTA 和枸橼酸钠不同。(　　)

8. EDTA 抗凝剂在配制时不需要加热。(　　)

9. 静脉采血后，穿刺部位要按压 1min 以上，避免出血。(　　)

五、问答题

1. 在进行颈静脉的检查时，应该注意哪些病理变化?

2. 颈静脉波动可分为阴性波动、阳性波动和伪性波动，在诊断的过程中如何区别它们?

3. 肝素钠与其他 3 种抗凝剂在抗凝原理上有什么不同?

六、病例分析题

【基本信息】罗威纳犬，4 岁，雄性，体重 32kg。

【主诉与临床检查】该犬 2d 前发病，不食、呕吐、排血尿。经临床检查，体温 39. 8℃，呼吸急促，结膜潮红，阴囊和两后肢末端水肿。血常规检查，白细胞总数和粒细胞总数均升高；犬瘟热病毒抗原检测为阴性，尿液暗褐色；肾功能检查，血清肌酐升高。据此，兽医诊断为肾炎，并进行相应的治疗。

【复诊】治疗 2d 后，兽医检查时发现病犬结膜黄染且下肢和阴囊、腹下皮肤水肿严重，触诊腿部肌肉，敏感性增高，遂请同行专家会诊。会诊专家采集尿液，涂片颜色，在显微镜暗视野下观察，结果发现了病原，找到了病因。

(1)兽医首次诊断中存在什么问题?

(2)该犬可能患有什么疾病?

(3)当血红蛋白尿和黏膜黄染同时出现时，可以给我们什么提示?

(4)镜检在临床诊断中有何作用?

七、专业作文题

想象力是优秀兽医必备的基本素质。当前，兽医学科的发展日新月异，许多领域的发展已经超出了我们的想象。请参阅相关资料，并结合自己丰富的想象力，想象一下 20 年后的兽医是什么样子。要求：不少于 500 字，极尽想象之能事，展望兽医之未来，题目自拟。

第12讲
红细胞检查

比值。

(1)增高　见于引起血液浓缩的疾病。

(2)降低　见于各种贫血。

三、红细胞指数

红细胞指数是指平均红细胞体积、平均红细胞血红蛋白含量和平均红细胞血红蛋白浓度的总成，对贫血类型的鉴别具有重要意义(表12-1)。

(1)平均红细胞体积(mean corpuscular hemoglobin，MCH)　指平均每个红细胞的体积。

MCV(fL)=每升血液中的红细胞压积/每升血液中的红细胞数 $\times 10^{15}$

(2)平均红细胞血红蛋白含量(mean corpuscular hemoglobin，MCH)　指平均每个红细胞内所含血红蛋白含量。

MCH(pg)=每升血液中的血红蛋白浓度/每升血液中的红细胞数 $\times 10^{12}$

(3)平均红细胞血红蛋白浓度(mean corpuscular hemoglobin concentration，MCHC)　指平均每升红细胞中所含血红蛋白浓度。

MCHC(g/L)=每升血液中的血红蛋白浓度(g/L)/每升血液中的红细胞压积 $\times 100\%$

表12-1　依据红细胞指数的贫血分类

类型	MCV	MCH	MCHC	临床意义
大细胞贫血	升高	升高	正常	叶酸和(或)维生素 B_1 缺乏所引起的巨幼细胞贫血、恶性贫血
正常细胞贫血	正常	正常	正常	再生障碍性贫血、急性失血性贫血、溶血性贫血、骨髓病性贫血
单纯小细胞贫血	降低	降低	正常	慢性感染、炎症、肝病、尿毒症、恶性肿瘤、中毒
小细胞低色素贫血	降低	降低	降低	缺铁性贫血、铁粒幼细胞性贫血、珠蛋白生成障碍性贫血

四、红细胞沉降速率的测定

红细胞沉降速率是指在室温下观察抗凝血中红细胞在一定时间内在血浆中的沉降速率。

(1)血沉加快　见于贫血、炎症及组织损伤或坏死。

(2)血沉减慢　见于机体严重脱水。

五、红细胞形态学检查

一般健康动物(家禽、骆驼和鹿除外)的红细胞呈圆形，两侧向中央凹陷，无细胞核。用瑞氏染色法后呈淡红色，其细胞因中央凹陷而着色较浅，周围着色较深。各种动物的红细胞大小、着色有一定的差异，其直径依次为：犬 7μm，马、牛、猫 8μm，绵羊 4.5μm，猪 4.0～8.0μm，山羊 3.2μm。马的红细胞中央区染色不明显，常见皱缩；牛的红细胞中央区淡染轻微，常见大小不均，皱缩；犬的红细胞大小一致，不易发生皱缩；猫的红细胞中央区淡染很轻微，轻度大小不均，常见皱缩。

在病理情况下，红细胞形态的改变包括红细胞的大小、形态、染色和结构异常等4个方面。

1. 大小异常

(1)小红细胞(microcyte)　小的红细胞特别多，中央淡染区扩大，甚至只剩一小圈红色，通常见于缺铁性贫血，也见于肝脏疾病。

(2)大细胞(macrocyte)　大红细胞增多，且中央区苍白，见于营养性贫血。此外，尚可见于马的再生障碍性贫血。

(3)红细胞大小不均(anisocytosis)　红细胞有的大、有的小，称为红细胞大小不均，见于再生性贫血。正常牛红细胞可有轻到中等大小不均的现象；反刍兽有明显的红细胞大小不均，是再生性贫血的表现。

2. 形状异常

(1)薄红细胞(leptocyte)　是靶形红细胞和皱褶红细胞的统称，都是由于红细胞内血红蛋白含量减少、细胞容积相对增大而形成的，见于骨髓造血功能减退时。

① 靶形红细胞(target cell)：比红细胞扁而薄，血红含量最少，染色时血红蛋白多分布于细胞边缘和中心部分，形成射击用的靶子。见于肝疾病和再生性贫血。

② 皱褶红细胞(folded cell)：也是一种扁而薄的红细胞，但中心部分的血红蛋白呈横跨红细胞直径的长条状分布，好似红细胞上有一条皱褶。

(2)球形红细胞(spherocyte)　是典型的小红细胞，直径较正常为小，中央淡染区消失，染色较正常深。在新鲜湿片中不呈缗线状，两面无凹陷，如将物台倾斜，或向血片吹气，使红细胞在视野内滚动，则较易观察。球形红细胞是由于部分红细胞膜发硬，不能维持圆盘状所致。仅在犬易于发现，常见于自体免疫性和同种免疫性溶血及输血后，偶见于海恩茨体贫血。

(3)裂红细胞(schizocyte)　常呈不规则三角形，为红细胞与血管内纤维蛋白凝块碰撞破裂形成的碎片，见于弥漫性血管内凝血、心丝虫病，有时见于肝、脾血管内纤维蛋白沉着性疾病。

(4)口形红细胞(stomatocyte)　中央苍白区呈扁平裂隙状，类似鱼口。见于阿拉斯加爱斯基摩犬遗传性口形红细胞增多症、弥散性血管内凝血和某些肝病。

(5)棘形红细胞(acanthocyte) 红细胞膜的异常，表面上有不规则的钝性凸起。见于血管肉瘤和脂质代谢紊乱。在正常牛也可以见到棘形红细胞。

(6)偏心红细胞(eccentrocyte) 血红蛋白聚集在细胞的一极，另一极为着色区，是由于药物、有毒植物、某些化学物质和代谢因素使血红蛋白氧化所致。

(7)椭圆性红细胞(elliptocyte) 红细胞呈长椭圆形，甚至呈长柱状，两端钝圆，此为红细胞膜蛋白有某种缺陷所致。见于巨幼红细胞贫血及恶性贫血。

3. 染色异常

(1)低色素性(hypochromic) 整个细胞染色淡而中心苍白区扩大，有的仅周边发红，表明血红蛋白过少，常见于缺铁性贫血。

(2)高色素性(hyperchromic) 细胞染色加深而中心苍白区消失，见于球形红细胞增多症。

(3)多染性(polychromic) 红细胞为完全成熟，细胞质和核发育不一致，核已消失，而胞质中仍残留有 DNA，染色时细胞质呈淡灰蓝色，称多染性红细胞，故容易识别。

4. 结构异常

(1)网织红细胞(reticulocyte) 网织红细胞是晚幼红细胞与成熟红细胞之间的过渡型细胞。其胞质中残存核糖体、核糖核酸等嗜碱性物质，经煌焦油蓝或新亚甲蓝活体染色后，显示浅蓝或深蓝色网状结构，故名网织红细胞。

(2)嗜碱性点彩红细胞(punctate basophilia, basophilic stippling erythrocyte) 又称点彩红细胞(stippled erythrocyte)，红细胞内含有嗜碱性的蓝黑色大小不一的颗粒，一般认为是红细胞膜受到毒素作用，胞质中的核糖体发生聚集变性后着色所致。牛和绵羊再生性贫血时可以见到。还见于铅中毒。

(3)何－乔氏小体(Howell－Jolly body) 红细胞内有直径 1～2μm 的深紫色小圆点，一般认为是嗜碱性的核残余物。正常马、犬、猫偶见何－乔氏小体，猫比犬多见。常见于再生性贫血。

(4)海恩茨小体(Heinz body) 成熟红细胞染色模糊，而海恩茨小体则呈圆形或卵圆形的蓝黑色小体，通常位于红细胞边缘，一个红细胞内有一个或多个，也可以从红细胞的边缘向外突出，甚至在红细胞附近见到，直径大小为 1～2μm，或更大一些，有折光性。海恩茨小体溶血性贫血可见于甘蓝中毒、洋葱中毒、吩噻嗪中毒、红枫叶中毒。

（5）卡波环（Cabot ring）　红细胞内有紫色的细环状物，有时呈“8”字形，可能是核膜的残余。但现认为可能是纺锤体的残余物或是细胞质中的脂蛋白变性所致。在溶血性贫血或铅中毒时可见到。

（6）有核红细胞（nucleated erythrocyte）　红细胞有核，多数是晚幼红细胞，也可出现巨幼红细胞。出现有核红细胞，为病理现象。有核红细胞的数量随红细胞再生能力而增加，但应与网织红细胞成比例。见于严重贫血的反应期、脾或骨髓疾病、血管肉瘤、铅中毒及脾收缩等。马即使发生严重贫血，外周血液也很难见到有核红细胞和网织红细胞。

课后作业

一、名词解释

1. 红细胞指数　2. 红细胞压积　3. 红细胞沉降速率

二、填空题

1. 临床上常见的贫血种类有________、________、________和再生障碍性贫血。

2. 依据红细胞指数来分，贫血可分为________、_______和________。

3. 铜蓝蛋白在红细胞形成过程中的作用是将________氧化为________。

4. ______和________是影响红细胞成熟的重要因素。

5. 甘氨酸和琥珀酰辅酶A合成__________，铁与原卟啉合成__________，珠蛋白和血红素合成________。

6. 巴贝斯虫病、钩端螺旋体病、附红细胞体病和洋葱中毒等疾病引起的贫血为__________。

7. 呕吐、腹泻等原因可以引起红细胞________增多，而骨髓增生性疾病则可以引起红细胞______增多。

8. 继发性红细胞增多是因为__________增多引起的。

9. 营养性贫血见于________、________、________等造血物质的缺乏。

10. 机体脱水，红细胞压积________；机体贫血，红细胞压积________。

11. 红细胞形态的改变包括红细胞的__________、__________、__________和__________异常4个方面。

三、选择题

1. 继发性红细胞增多的原因是（　　）。

A. 血浆中水分丢失，血液浓缩　B. 骨髓增生性疾病

C. 脾脏增生　　D. 红细胞生成素增多

2. 在兽医临床上，铁缺乏常常会造成动物贫血，请问铁缺乏引起的贫血若根据红细胞的体积和形态来分，属于哪种贫血？（　　）

A. 大细胞型贫血　　B. 正细胞型贫血

C. 小细胞低色素性贫血　　D. 小细胞高色素性贫血

3. 红细胞沉降速率减慢见于（　　）。

A. 贫血　　B. 炎症　　C. 组织损伤　　D. 严重脱水

4. 外科手术所致的贫血属于（　　）。

A. 失血性贫血　　B. 溶血性贫血

C. 营养性贫血　　D. 再生障碍性贫血

5. 将三价铁转运到骨髓参与血红蛋白合成的是（　　）。

A. 原卟啉　　B. 铜蓝蛋白　　C. 运铁蛋白　　D. 珠蛋白

6. 血常规检查，MCH、MCV 和 MCHC 均升高，见于（　　）

A. 维生素 B_{12} 和叶酸缺乏　　B. 牛巴贝斯虫病

C. 维生素 C 和凝血酶原缺乏症　　D. 铜缺乏症

7. 犬洋葱中毒后，红细胞形态学检查可出现（　　）。

A. 有核红细胞　　B. 海恩茨小体

C. 何－乔氏小体　　D. 网织红细胞

四、判断题

1. 当动物发生贫血时，其红细胞压积降低。（　　）

2. 动物发生大细胞型贫血时，其 MCH 和 MCV 都升高。（　　）

3. 失血性贫血、溶血性贫血以及再生障碍性贫血都属于正常细胞型贫血。（　　）

4. 钴与维生素 B_{12} 缺乏引起的贫血属于小细胞低色素性贫血。（　　）

5. 在兽医临床上，红细胞数量增多大部分属于相对性增多。（　　）

6. 发生炎症时，红细胞沉降速率会减慢。（　　）

五、问答题

1. 红细胞指数是如何计算的？如何用它们来鉴别贫血的类型？

2. 在兽医临床上，红细胞检查有何意义？

3. 动物脱水后，红细胞各项指标如何变化？

六、病例分析题

【基本信息】德国牧羊犬，2 岁，雄性，体重 29kg。

【主诉】该犬 3 天前发病，食欲差，尿赤黄，喜卧，不爱活动。

【临床检查】体温 39.6℃，心率 140 次/min，呼吸音正常，可视黏膜黄疸，鼻镜干燥，精神沉郁。值班兽医初步诊断为肝炎，并按照肝炎的治疗方法治疗了 3d。3d 后，主人发现，病情非但没有好转，精神状态反而更差，四肢无力，运动困难。

【复诊】可视黏膜黄疸加重，呼吸急促。进一步问诊发现，病前 1 周左右，主人带犬到郊外爬山，回来洗澡时发现犬颈部被一只虫子叮咬，用手摘下虫体时，虫子的肚子里全是血。由此，兽医怀疑蜱在该病的发生过程中一定扮演了重要角色。经末梢采血镜检发现了虫体，遂得到确诊。

(1)兽医初次诊断时忽视了什么问题?

(2)该犬可能患有什么病?

(3)蜱在动物疾病中扮演什么角色?

七、专业作文题

血常规检查是动物医院首要的检查项目，对此，部分动物主人认为这只是提高诊疗机构收入的途径，基本上属于过度医疗。请你从专业的角度，写一篇不少于 500 字的文章，讨论一下血常规检查：①是否有检查的必要；②是否能够为疾病的诊断及预后提供参考；③是否通过血常规检查就可以得到准确的诊断；④血常规检查是否只是赚钱的工具。题目自拟。

第13讲 白细胞检查

兽医临床诊断学理论课教案

讲　　次		第13讲　白细胞检查
教学内容		1. 白细胞计数 2. 白细胞分类计数
三条原则	设疑	1. 白细胞是由哪些细胞组成的，分别具有怎样的功能？ 2. 白细胞的增加与减少究竟可以反映出哪些动物疾患？ 3. 白细胞分类是否更利于疾病的诊断？
	答疑	1. 以讨论互动的方式分析白细胞的分类及其功能 2. 结合临床化验单详细分析白细胞计数的临床意义 3. 结合临床化验单详细分析白细胞分类计数的临床意义
	留悬念	1. 白细胞的增多与减少是否能够区分细菌病和病毒病？ 2. 白细胞的核是如何“移动”的？ 3. 什么是呼吸困难？呼吸困难有哪些分类？如何鉴别？
三种方法	比喻	1. 以“防御指示器”喻白细胞检查的重要意义 2. 以思想“左、右倾”喻白细胞核左、右移
	结构	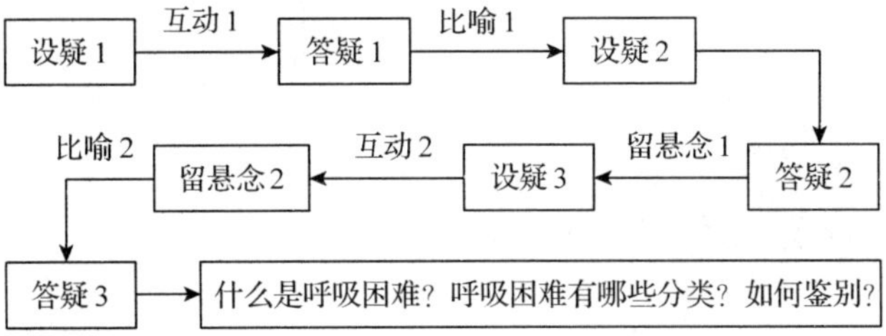
	互动	1. 白细胞的分类及主要功能 2. 白细胞分类计数的意义所在
教学后记		

白细胞的主要生理功能为参与机体防御。白细胞根据核和胞浆的不同可分为中性粒细胞、嗜酸性粒细胞、嗜碱性粒细胞、单核细胞和淋巴细胞等。其中，中性粒细胞的主要生理功能是吞噬外来微生物和异物；嗜碱性粒细胞主要是参与过敏反应；嗜酸性粒细胞是限制过敏反应，参与对蠕虫的免疫；单核细胞的主要功能是吞噬异物；而淋巴细胞的主要功能是参与机体的特异性免疫。

在生理状态下，白细胞总数及各类白细胞的比例都是相对恒定的；在病理状态下，各类白细胞数量就会发生变化。因此，白细胞检查对于判断疾病性质及预后有着重要的临床意义。

临床上常用的方法有白细胞计数和白细胞分类计数，必要时往往将上述两种方法结合起来，来分析诊断疾病的情况。

一、白细胞计数（WBC）

1. 增多

（1）大多数细菌性传染病。

（2）炎症性疾病。

（3）白血病、恶性肿瘤、尿毒症、酸中毒。

2. 减少

（1）某些病毒性传染病。

（2）疾病的濒死期和再生障碍性贫血。

（3）使用某些药物，如磺胺类、青霉素、链霉素、氯霉素、解热镇痛消炎药。

二、白细胞分类计数

白细胞分类计数是指利用染色的血液涂片计算血液中各类白细胞的百分率。

1. 中性粒细胞

（1）增多　见于感染性疾病、一般炎症性疾病、中毒性疾病、注射异种蛋白和外科手术等。

（2）减少　见于传染病、严重的败血症和化脓症、中毒性疾病、血液病、某些物理因素和化学因素。

（3）核左移　幼年核和杆状核增多。WBC↗积极防御，WBC↘抵抗力下降。

（4）核右移　杆状核增多，见于危重或预后不良。

2. 嗜酸性粒细胞

（1）增多　见于肝片吸虫病、球虫病、旋毛虫病、丝虫病等寄生虫病，还见于荨麻疹和各种过敏。

(2)减少　见于感染性疾病和发热性疾病的初期，尿毒症、毒血症、严重创伤、中毒和多劳等。

3. 嗜碱性粒细胞

增多见于慢性溶血、慢性恶丝虫病、高血脂症。

4. 淋巴细胞

(1)增多　见于感染性疾病。

(2)减少　见于中性粒细胞增多的疾病。

5. 单核细胞

(1)增多　见于慢性感染性疾病、原虫病。还见于疾病的恢复期，使用肾上腺皮质激素、糖皮质激素类药物等。

(2)减少　见于急性传染病的初期和各种疾病的垂危期。

课后作业

一、名词解释

1. 核左移　2. 核右移　3. 再生性核左移　4. 退行性核左移

二、填空题

1. 白细胞根据核和胞浆的不同可分为________、__________、嗜碱性粒细胞、________和淋巴细胞等。

2. 当核左移发生时，若白细胞总数升高，称为______________；若白细胞总数减少，则称为____________。

三、选择题

1. 白细胞计数减少常见于(　　)。

A. 大多数的细菌性疾病　　B. 某些病毒性传染病

C. 炎症性疾病　　D. 尿毒症

2. 动物若长期使用氯霉素，其白细胞数量(　　)。

A. 减少　　B. 增多

C. 可能升高也可能降低　　D. 不变

3. 在白细胞分类计数中发现分叶核中性粒细胞大量增加，这种现象被称为(　　)。

A. 核上移　　B. 核下移　　C. 核左移　　D. 核右移

四、判断题

1. 一般情况下，白细胞总数增多见于病毒性疾病。(　　)

2. 嗜酸性粒细胞增多见于过敏反应或寄生虫感染。(　　)

3. 幼年核和杆状核中性粒细胞增多称为再生性核左移。(　　)

4. 嗜碱性粒细胞减少见于慢性溶血、慢性恶丝虫病等。(　　)

5. 核左移与核右移对于判断疾病预后有重要作用。(　　)

五、问答题

1. 中性粒细胞核象的变化有几种？其临床意义分别是什么？

2. 白细胞分类计数的临床意义是什么？

六、病例分析题

内蒙古鄂托克旗巴音淖尔乡某养羊户共饲养320只羊，其中山羊270只、绵羊50只。某年8月29日，该羊群中有120只山羊突然发病。从中午11时开始发现有部分羊嚎叫，狂奔，用前蹄或后蹄猛刨头部，不食，耳及眼睛肿胀，且绝大多数为右侧，部分重症者耳朵肿胀厚度达1cm，眼睛不能睁开，反刍停止，口吐白沫，流涎。患病羊均为白色。

问诊结果：牧羊人在8月27日下午和28日上午，曾两次将自己的羊赶入相邻种植有荞麦的田地里放牧。另外，羊群在发病的当天早7时直至发现病羊，一直是由西向东南方向进行，正是右侧向着太阳的照射方向，同时当天上午的气温在30℃左右。

(1)请找出引起羊发病的3个关键因素。

(2)该群羊可能患有何病？

(3)如何预防该病？

七、专业作文题

请以第一人称方式写一篇关于白细胞检查的作文，要求：能够全面而清楚地展示白细胞的“身世”，同时能够说明数量变化及核象变化所代表的意义；字数500以上，通俗易懂，类似科普；题目为《白细胞的前世今生》。

第14讲

呼吸运动的检查

兽医临床诊断学理论课教案

<table>
<tr><td colspan="2">讲　次</td><td>第 14 讲　呼吸运动的检查</td></tr>
<tr><td colspan="2">教学内容</td><td>1. 呼吸类型
2. 呼吸节律与呼吸困难
3. 呼吸的对称性</td></tr>
<tr><td rowspan="3">三条原则</td><td>设疑</td><td>1. 参与呼吸的肌群有哪些？
2. 什么是呼吸节律？呼吸节律的改变意味着什么？
3. 出现呼吸困难，都是呼吸系统疾病所致吗？</td></tr>
<tr><td>答疑</td><td>1. 通过复习旧内容，引出新问题，并通过互动予以答疑
2. 通过呼吸困难模拟、呼吸曲线解析讲透呼吸节律的特征及其临床意义
3. 通过比喻和互动分析混合性呼吸困难的原因</td></tr>
<tr><td>留悬念</td><td>1. 与呼吸频率相似的一个概念为呼吸节律，何为呼吸节律？
2. 我们所研究的家畜机体均具有对称性，那么其呼吸是否也具有对称性？
3. 鼻液如何检查？呼出气体反映怎样的问题？</td></tr>
<tr><td rowspan="3">三种方法</td><td>比喻</td><td>1. 以趣味对联“海水朝朝朝朝朝朝朝落”喻陈-施二氏呼吸
2. 以货物运输的各种困难喻混合性呼吸困难的原因</td></tr>
<tr><td>结构</td><td>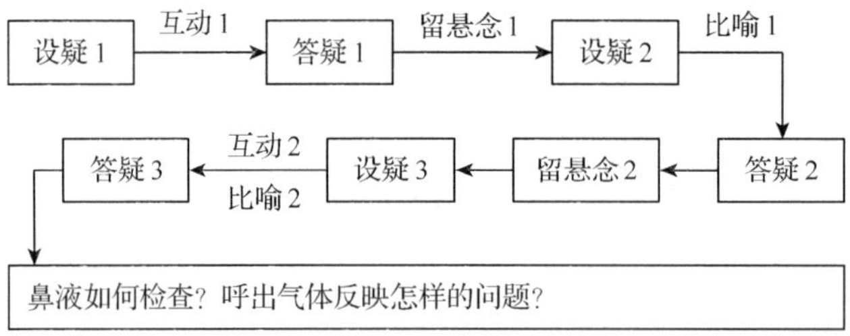
</td></tr>
<tr><td>互动</td><td>1. 呼吸过程
2. 混合性呼吸困难的原因</td></tr>
<tr><td colspan="2">教学后记</td><td></td></tr>
</table>

呼吸系统由鼻、咽、喉、气管、支气管、肺、胸膜腔、膈肌等一系列的器官组成。上呼吸道是空气进入的通道，而支气管和肺是气体代谢的器官。由于呼吸道与外界相通，因此，温热、机械的、化学的、微生物的各种因素都能引起呼吸系统疾病。许多传染病，也常侵害呼吸系统，如流感、鼻疽、传染性胸膜肺炎等。此外，还有某些寄生虫病，如羊肺线虫、鼻蝇蛆等。故呼吸系统检查具有重要临床意义。

临床常用检查方法有问诊、视诊、触诊、叩诊和听诊。其中，叩诊具有重要价值，听诊可精确查明各种病理的呼吸音，从而判断疾病的性质。X 线检查对诊断肺和胸膜的疾病尤其重要。此外，胸膜穿刺、鼻液检查对渗出性胸膜炎、胸水、肺坏疽的检查很重要。

呼吸系统的临床检查主要包括呼吸运动的检查，鼻液、呼出气体和咳嗽的检查，上呼吸道、胸廓和肺的检查。其中，以胸廓和肺的检查最为重要。

呼吸运动，即动物在呼吸时鼻翼、喉、器官、胸廓和腹壁的节律性运动。观察呼吸运动，对疾病的诊断，特别是呼吸器官疾病的诊断具有重要意义。

检查呼吸运动应注意观察呼吸频率、呼吸类型、呼吸节律、呼吸的对称性以及有无呼吸困难等。

一、呼吸类型

正常家畜的呼吸呈胸腹式呼吸，胸腹壁的起伏协调、均等。

1. 胸腹式呼吸

(1) 特征　呼吸时胸腹壁的动作协调，强度也大致相等。

(2) 临床意义　见于健康动物(犬除外)的呼吸方式。

2. 胸式呼吸(thoracic respiration)

(1) 原因　腹腔和腹壁疾病。

(2) 特征　胸部起伏明显，腹部起伏很弱。

(3) 临床意义　见于胃扩张、瘤胃臌气、胸腔积液、肠臌气及腹壁外伤等。

3. 腹式呼吸(abdominal resiration)

(1) 原因　胸壁或胸腔器官疾病。

(2) 特征　腹部起伏明显，而胸部起伏微弱。

(3) 临床意义　见于胸膜炎、胸膜肺炎及肋骨骨折等。

二、呼吸节律

健康家畜的呼吸是有节律的，先吸气，后呼气，每次呼吸运动之后，稍有休息，再进行第二次呼吸，而且每次呼吸间隔的时间相等，这样周而复始、有节奏地进行，称为节律性呼吸。呼吸有一定的深度和长度，呼气一般比吸气长一些，因为吸气是主动动作，而呼气是被动的。吸气、呼气的比例因动物种类的不同而有所差异，马 1∶1.8、牛 1∶1.2、绵羊 1∶1、山羊 1∶2.7、猪 1∶1、犬1∶1.6。

1. 吸气延长

(1)原因　上呼吸道狭窄，气流进入肺部不畅，呼吸困难。

(2)特征　呼吸费力，时间延长。具体表现为鼻孔开大，头颈伸直，四肢宽踏，胸廓开张，肋骨下陷。

(3)临床意义　见于气管炎、鼻炎、咽喉炎、鼻腔肿瘤等。

2. 呼气延长

(1)原因　支气管腔狭窄或肺泡弹力不足。

(2)特征　呼气费力，时间延长。具体表现为脊背弯曲，肷窝变平，肛门突出，严重的呼吸困难，可沿肋弓出现"喘线"。

(3)临床意义　见于慢性支气管炎及各种肺炎等。

3. 间断性呼吸

(1)原因　先抑制呼吸，然后进行补偿。

(2)特征　呼吸分段。

(3)临床意义　见于胸膜炎、毛细支气管炎、慢性肺气肿、腹壁疼痛性疾病等，还见于脑炎及脑膜炎等。

4. 陈-施二氏呼吸(Chyne-Stokes respiration)

(1)原因　二氧化碳规律性的递增和递减。

(2)特征　如潮来潮去(图 14-1)。

(3)临床意义　见于脑炎、脑膜炎、心力衰竭及大失血等。

图 14-1　陈-施二氏呼吸

5. 毕欧特氏呼吸(Biot's respiration)

(1)原因　呼吸中枢敏感性极度降低。

(2)特征　深度大致相等的连续呼吸与暂停交替(图 14-2)。

(3)临床意义　见于各型脑膜炎、中毒性疾病及濒死期。

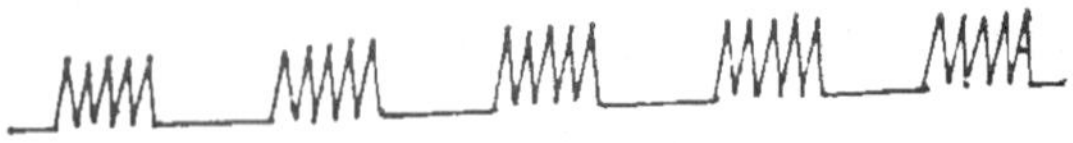

图 14-2　毕欧特氏呼吸

6. 库斯茂尔氏呼吸(Kussmaul's respiration)

(1)原因　呼吸中枢衰竭晚期。

(2)特征　深大呼吸，无呼吸中断(图 14-3)。

(3)临床意义　见于颅内压升高性疾病、尿毒症、重症酸中毒等。

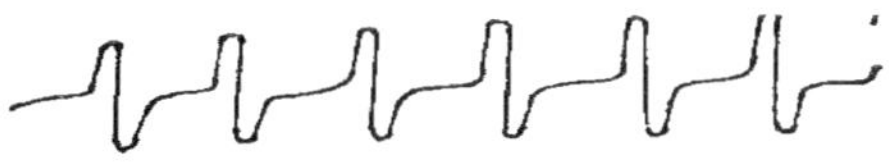

图 14-3　库斯茂尔氏呼吸

三、呼吸的对称性

健康家畜呼吸时，两侧胸壁起伏均等，强度完全一致。

(1)检查方法　站于动物后方或后方高处观察。

(2)临床意义　两侧不对称见于一侧胸膜炎、胸腔积液和肋骨骨折等。

四、呼吸困难

动物表现为呼吸次数改变，呼吸深度加强，呼吸类型和呼吸节律也发生变化。高度的呼吸困难称为气喘。

1. 吸气性呼吸困难(inspiratory dyspnea)

原因、特征及临床意义同吸气延长。

2. 呼气性呼吸困难(expiratory dyspnea)

原因、特征及临床意义同呼气延长。

3. 混合性呼吸困难(mixed dyspnea)

(1)特征　伴有呼吸增数。

(2)原因及临床意义

① 肺源性：见于各型肺炎、胸膜肺炎、肺水肿等。

② 心源性：见于心内膜炎、心肌炎、创伤性心包炎和心力衰竭等。

③ 血源性：见于各种贫血。

④ 中毒性：见于尿毒症、酮病、严重胃肠炎、高热性疾病、有机磷中毒等。

⑤ 神经性和中枢性：见于脑膜炎、脑肿瘤、疼痛性疾病、破伤风等。

⑥ 腹压增高性：见于急性胃扩张、急性瘤胃臌气、肠变位、腹腔积液等。

课后作业

一、名词解释

1. 陈-施二氏呼吸　2. 毕欧特氏呼吸　3. 库斯茂尔氏呼吸　4. 吸气延长　5. 呼气延长　6. 间断性呼吸

二、填空题

1. 吸气性呼吸困难的动物表现为鼻孔开大________、________、

______和肋骨下陷。

2. 吸气性呼气困难常表现为______、________和________。

3. 呼吸次数减少常见于颅内压升高的疾病，其______、______和________都属于颅内压升高性疾病。

4. 混合性呼吸困难按其发病原因，可分为______呼吸困难、______呼吸困难、______呼吸困难、______呼吸困难和________呼吸困难。

5. 两侧呼吸不对称见于一侧性______、______和______。

6. 吸气延长的原因是__________，临床上常见于________、________和__________。

7. 患腹腔疾病的动物主要以______呼吸为主，患胸腔疾病的动物主要以________呼吸为主。

8. 危重病例易出现________、________和________等呼吸节律。

三、选择题

1. 吸气延长是由(　　)引起的。

A. 上呼吸道狭窄　　B. 肺泡弹力不足

C. 支气管腔狭窄　　D. 鼻腔肿瘤

2. 有一副对联，其上联是：海水朝朝朝朝朝朝朝落。在兽医临床上恰有一种病理性呼吸方式与对联中所描述的相似，这种呼吸方式是(　　)。

A. 间断性呼吸　　B. 陈-施二氏呼吸

C. 毕欧特氏呼吸　　D. 库斯茂尔氏呼吸

3. 被称为深大呼吸的是(　　)。

A. 间断性呼吸　　B. 陈-施二氏呼吸

C. 毕欧特氏呼吸　　D. 库斯茂尔氏呼吸

4. “鼻孔开张头颈直，四肢宽踏肋骨陷”，是哪种呼吸困难的特征？(　　)

A. 吸气性呼吸困难　　B. 呼气性呼吸困难

C. 陈-施二氏呼吸　　D. 毕欧特氏呼吸

5. “脊弯肷平肛门突，呼吸困难喘线出”，是哪种呼吸困难的特征？(　　)

A. 吸气性呼吸困难　　B. 呼气性呼吸困难

C. 陈-施二氏呼吸　　D. 毕欧特氏呼吸

四、判断题

1. 呼吸次数增多常见于发热性疾病、心力衰竭、呼吸器官疾病以及颅内压升高的疾病。(　　)

2. 所有的家畜都是胸腹式呼吸。(　　)

3. 呼气延长是因为支气管腔狭窄或肺泡弹力不足。(　　)

4. 呼吸的对称性宜站在动物的正前方观察。(　　)

5. 瘤胃臌气引起的呼吸困难属于中枢性呼吸困难。(　　)

6. 呼吸困难都是由呼吸系统疾病引起的。(　　)

五、问答题

1. 混合性呼吸困难有哪些原因？其临床意义是什么？

2. 呼吸节律的检查有何意义？

六、病例分析题

某年秋末，天津市北辰区有一养羊专业户，饲养了 184 只小尾寒羊，以放牧为主，补饲花盘和少量精料。一日初霜之后，到菜园放牧，羊群抢食堆积的菜叶。食后 1 个多小时，有一只大公羊突然倒地，口吐白沫，四肢痉挛而死。随后又有几只母羊发病，不到半小时，气喘流涎，皮肤发绀，窒息而死。收牧途中又有几只羊相继发病。

(1) 初霜与菜叶可为我们提供什么诊断信息？

(2) 大公羊先发病死亡可为我们提供什么诊断信息？

(3) 该群羊可能患有何病？

七、专业作文题

“兽医，可能没有丰厚的收入，但一定有丰富的经历。”如何理解兽医的“丰富经历”，请写一篇不少于 500 字的作文，题目自拟。

第15讲

鼻液、呼出气体和咳嗽的检查

兽医临床诊断学理论课教案

<table>
<tr><td colspan="2">讲　次</td><td>第 15 讲　鼻液、呼出气体和咳嗽的检查</td></tr>
<tr><td colspan="2">教学内容</td><td>1. 鼻液的量、性状和混杂物检查
2. 呼出气体的强度、温度及气味检查
3. 咳嗽的性质、频度、强度等检查</td></tr>
<tr><td rowspan="3">三条原则</td><td>设疑</td><td>1. 如何从鼻液的量探知疾病的奥秘？
2. 形形色色的鼻液如何划分？
3. 如何从呼出气体的强度、温度和气味来推测疾病？
4. 你知道咳嗽有干湿之分吗？</td></tr>
<tr><td>答疑</td><td>1. 探讨量多、量少和量不定的原因、特征和临床意义
2. 先引导学生做出大体形状分类，后进行具体分析，同时以实例图片佐证
3. 以病例入手，分别介绍
4. 通过分析干咳、湿咳的原因，继而引出其他咳嗽类型</td></tr>
<tr><td>留悬念</td><td>1. 鼻液中是否可能混有其他物质？这些异物是否能对疾病诊断提供有益参考？
2. 上呼吸道包括哪些器官？如何检查？</td></tr>
<tr><td rowspan="3">三种方法</td><td>比喻</td><td>1. 以俗语“抬头不见低头见”喻鼻液量不定的特征
2. 以“应急反应”喻痛咳</td></tr>
<tr><td>结构</td><td>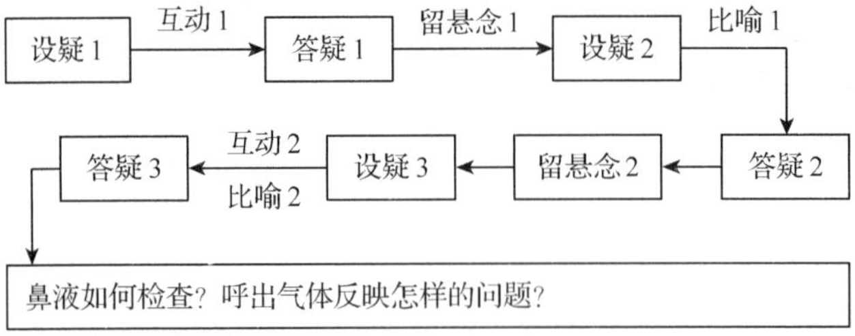
</td></tr>
<tr><td>互动</td><td>1. 健康动物的鼻液问题
2. 怎样通过鼻液中血液的颜色来判断疾病</td></tr>
<tr><td colspan="2">教学后记</td><td></td></tr>
</table>

鼻液、呼吸气体和咳嗽的检查在一定程度上对呼吸系统检查具有导向性，通过上述检查在某些时候能够确定疾病的部位、程度及性质等。

一、鼻液的检查

鼻液是呼吸道黏膜的分泌物。健康动物多无鼻液或有少量浆液性鼻液。马在天气寒冷、运动、兴奋之后有少量鼻液。牛正常时有少量黏液性鼻液，在病理情况下，鼻液可能增多，且具有不同性质的分泌物和混合物。

1. 鼻液的量

(1)量多

① 原因：呼吸器官有广泛的炎症。

② 临床意义：见于急性鼻炎、急性咽喉炎、肺脓肿破裂、肺坏疽及某些传染病。

(2)量少

① 原因：慢性或局限性呼吸道炎症。

② 临床意义：见于慢性鼻炎、慢性支气管炎、慢性鼻疽和慢性结核等。

(3)量不定

① 特征："抬头不见低头见，静止不见运动见"。

② 临床意义：见于副鼻窦炎和马属动物的喉囊炎。

2. 鼻液的性状

(1)浆液性

① 特征：无色透明，稀薄如水。

② 临床意义：见于急性鼻卡他、马腺疫和流感等。

(2)黏液性

① 特征：蛋清样或粥样，腥臭味，灰白色。

② 临床意义：见于急性上呼吸道感染和支气管炎。

(3)脓性

① 特征：颜色灰黄绿，形状糊膏聚。

② 临床意义：见于化脓性鼻炎、副鼻窦炎，肺脓肿破裂等。

(4)腐败性

① 特征：污秽不洁，呈灰色或暗褐色，恶臭。

② 临床意义：见于坏疽性鼻炎、腐败性支气管炎和肺坏疽等。

(5)血性

① 鲜红欲滴，见于鼻出血。

② 含血带泡，见于肺水肿、肺充血和肺出血。

③ 血流伴咳嗽，呼吸更难受，见于肺血管破裂。

④ 红似果酱、见于鼻肿瘤。

⑤ 脓血，见于肺脓肿、异物性肺炎等。

⑥ 铁锈色，见于大叶性肺炎。

3. 混杂物

(1)气泡

① 原因：肺、支气管损伤。

② 临床意义：见于肺水肿、肺充血、肺气肿和慢性支气管炎等。

(2)唾液

① 原因：吞咽障碍导致食物返流。

② 临床意义：见于咽炎、食管炎、食管痉挛和食道肿瘤等。

(3)呕吐物

① 原因：胃内容物进入鼻腔。

② 临床意义：食滞性胃扩张、幽门痉挛、十二指肠阻塞及小肠扭转等。

二、呼出的气体检查

健康动物两侧鼻孔呼出的气体量及气流强度相等，且无特殊气味。

1. 气流强度

(1)健康家畜两侧鼻孔呼出的气流强度相等。

(2)两侧气流强度不等时见于一侧鼻腔狭窄、一侧副鼻窦肿胀或大量积脓时。

2. 呼出气体的温度

(1)体温高则高，见于发热性疾病。

(2)体温低则低，见于严重的脑病、中毒或虚脱。

3. 呼出气体的气味

(1)健康动物无特殊气味。

(2)腐败性气味见于肺坏疽和坏疽性支气管炎等。

(3)脓性臭味见于肺组织和呼吸道的化脓性疾病。

(4)尿臭味见于尿毒症。

(5)丙酮味(烂苹果味)见于奶牛酮病。

三、咳嗽的检查

咳嗽是机体的一种保护性反射动作，动物借助于咳嗽，可以清除外界侵入的异物，同时可将上呼吸道存留的分泌物排出体外。

1. 咳嗽的性质

(1)干咳

① 特征：清脆，干而短，疼痛。

② 临床意义：喉、气管异物和胸膜炎。

(2)湿咳

① 特征：钝浊，湿而长。

② 临床意义：见于咽喉炎、支气管炎、支气管肺炎、肺脓肿和肺坏疽等。

2. 咳嗽的频度

(1)单发性咳嗽

① 原因：呼吸道内有异物或分泌物。

② 特征：骤然发作，一二声则止。

(2)连续性咳嗽

① 原因：呼吸道痉挛。

② 特征：咳嗽连续不断。

③ 临床意义：见于急性喉炎、传染性上呼吸道卡他、弥漫性支气管炎、支气管肺炎、猪肺疫和猪气喘病等。

(3)发作性咳嗽

① 原因：呼吸道内有强烈刺激。

② 特征：具突然性和爆发性，咳嗽剧烈而痛苦。

③ 临床意义：见于呼吸道异物和异物性肺炎。

3. 咳嗽的强度

喉、气管患病，肺常(正常)则响，肺异(病变)则哑。

4. 痛咳

见于呼吸道异物、异物性肺炎、急性喉炎、胸膜炎等。

课后作业

一、名词解释

1. 干咳　2. 湿咳　3. 痛咳　4. 鼻液量不定

二、填空题

1. 根据鼻液的量来分，病理性鼻液可分为________、________和________。

2. 根据鼻液的形状来分，病理性鼻液可分为________、________、脓性和________。

3. 腐败性鼻液见于________、________和________等。

4. 呼出的气体具有腐败气味见于____________，具有烂苹果味见于__________，具有尿臭味见于____________。

5. 清脆干而短是______的特征；钝浊，湿而长是________的特征。

6. “无色如水”和“灰白似粥”分别描述的是__________鼻液和

__________鼻液的特征。

7. 突然性和发作性是_________咳嗽的特征，见于_________和________。

三、选择题

1. 干咳特征是清脆，干而短，并且伴有疼痛，一般见于(　　)。

A. 咽喉炎　B. 支气管炎　C. 支气管肺炎　D. 胸膜炎

2. 若动物发生腐败性支气管炎，其鼻液的性状为(　　)。

A. 浆液性　B. 黏液性　C. 脓性　D. 腐败性

3. 下列哪种疾病可以导致动物发生干咳？(　　)

A. 咽喉炎　B. 支气管炎　C. 胸膜炎　D. 肺脓肿

4. 在鼻液的检查中有“量不定”的病理现象，其特征是“抬头不见低头见，静止不见运动见”。下列哪种疾病会出现典型的“量不定”症状？(　　)

A. 急性鼻炎　B. 急性咽喉炎

C. 慢性支气管炎　D. 副鼻窦炎

5. 黏液性鼻液呈(　　)。

A. 灰白色　B. 无色透明　C. 暗褐色　D. 黄绿色

6. 鼻液中混有唾液的原因是(　　)。

A. 胃内容物进入鼻腔　B. 吞咽障碍引起的食物返流

C. 肺或支气管损伤　D. 胃肠道炎症

7. 鼻液红似果酱，见于(　　)。

A. 肺血管破裂　B. 肺脓肿破溃

C. 鼻腔肿瘤　D. 大叶性肺炎

8. 胸膜炎发生时，咳嗽的特征是(　　)。

A. 单发性咳嗽　B. 连续性咳嗽　C. 突发性咳嗽　D. 痛咳

四、判断题

1. 健康动物无鼻液。(　　)

2. 气管炎时发生的咳嗽，若肺部也存在病变，则声音响亮。(　　)

五、问答题

1. 如何通过鼻液的性状来诊断疾病？

2. 如何通过咳嗽的性质来诊断疾病？

六、病例分析题

【基本信息】京巴犬，10岁，雌性，体重6.7kg。

【主诉】就诊前2d给该犬洗澡时觉得天气很暖和，就未将犬毛吹干，就诊前1d早晨开始出现浆液性鼻液，食欲不振，精神萎靡。

【临床检查】精神沉郁，结膜潮红，羞明流泪，鼻流浆液性分泌物，听诊肺部，呼吸急促，呼吸音粗粝，呈捻发音，体温39.6℃，兽医据此诊断为支气管肺炎，并进行相应的治疗。

【病情发展】连续用药 2d，病犬能够主动进食，精神状态好转，排便也正常，但鼻孔还有少量浆液性鼻液，呼吸好转，偶尔干咳。继续用药，但到第 4 天，精神状态急转直下，食欲废绝，脓性鼻液，脓性眼分泌物，呼吸急促，呕吐出白色带有泡沫的液体，排油状黏便且表面有少量血液，脚垫龟裂，体温 40.5℃，腹部出现丘疹。血常规检查白细胞严重减少。犬瘟热病毒抗原检测阳性。

【疾病转归】按照犬瘟热的治疗原则和治疗方法进行治疗，8d 后出现神经症状，角弓反张，强直痉挛。最后实施了安乐死。

(1)首次诊断时存在什么问题?

(2)当病犬体温升高，有咳嗽症状或鼻、眼分泌物增多时，兽医首先应确诊或排除的疾病是什么?

(3)你如何看待动物安乐死?

七、专业作文题

对于兽医来说，“病例就是动力，实力就是魅力”。作为动物医学专业学生，未来的兽医，在校学习期间如何才能接触到更多的病例？如何才能提高自己疾病诊疗的实力？请写一篇不少于 500 字的作文，题目自拟。

第16讲 上呼吸道的检查

兽医临床诊断学理论课教案

讲　次		第16讲　上呼吸道的检查
教学内容		1. 鼻和副鼻窦的检查 2. 鼻呼吸杂音、喉狭窄音、喘鸣音和啰音的检查
三条原则	设疑	1. 何为上呼吸道？上呼吸道在呼吸过程中饰演什么角色？ 2. 鼻和副鼻窦如何检查？ 3. 异常呼吸音有何临床意义？
	答疑	1. 采用提问、讨论互动等方式引出答案，为胸肺检查做相应铺垫 2. 鼻黏膜检查和副鼻窦的结构为重点讲解内容 3. 以解剖部位为依据，分类讲解
	留悬念	1. 鼻黏膜的检查包括哪些内容？具有怎样的临床意义？ 2. 副鼻窦的检查有何临床意义？ 3. 胸、肺如何进行视诊、触诊和叩诊？
三种方法	比喻	1. 以“鼻疽的指示灯”喻鼻黏膜检查的重要意义 2. 以“空盒之音”喻副鼻窦的健康状态
	结构	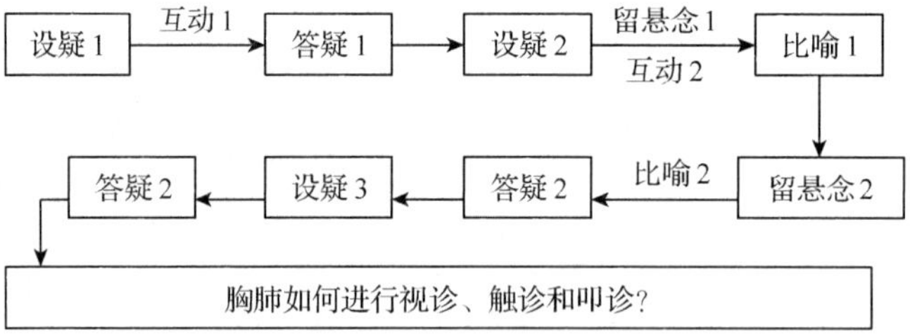
	互动	1. 上呼吸道的组成及呼吸过程 2. 鼻黏膜的检查内容
教学后记		

上呼吸道的检查包括鼻、副鼻窦、咽及喉的检查。

一、鼻的检查

1. 鼻的外部检查

鼻的外部检查主要注意有无肿胀、变形、脓肿、溃疡、结节等病变。

(1) 鼻孔周围组织

① 肿胀：见于血斑病、纤维素性鼻炎、异物刺伤及部分传染病。

② 水疱：见于口蹄疫、传染性水疱病。

③ 烂斑：见于慢性鼻炎、副鼻窦炎等。

④ 结节：见于牛丘疹性口膜炎和坏死性口膜炎。

(2) 鼻甲骨形态的变化　鼻甲骨增生、肿胀，见于严重的软骨病和肿瘤。

(3) 鼻的痒感　见于鼻卡他、鼻腔寄生虫、异物刺激及吸血昆虫的刺蛰等。

2. 鼻黏膜的检查

马属动物的鼻黏膜检查对于鼻疽的诊断有着重要的意义。

(1) 颜色

① 潮红：见于鼻卡他、流行性感冒、鼻疽、发热及各种全身性疾病。

② 出血斑点：败血症、血斑病及某些中毒。

(2) 肿胀　见于鼻卡他、马腺疫、流感、鼻疽、血斑病。

(3) 水疱　口蹄疫及传染性水疱病。

(4) 溃疡　浅在性溃疡见于鼻炎、马腺疫、血斑病和牛恶性卡他；深在性溃疡见于鼻疽。

(5) 结节　见于鼻疽。

(6) 斑痕　见于损伤和鼻疽。

二、副鼻窦的检查

副鼻窦包括额窦、上颌窦、蝶窦和筛窦，临床上主要检查额窦和上颌窦。检查方法有视诊、触诊和叩诊，必要时进行 X 线检查或圆锯术检查等。

1. 视诊

变形隆起见于窦腔积脓、骨软病、肿瘤、牛恶性卡他、外伤和局限性骨膜炎。

2. 触诊

(1) 敏感及温度升高见于急性窦炎、急性骨膜炎。

(2)局部骨壁凹陷和疼痛见于外伤。

(3)隆起、变形、柔软见于骨软病、肿瘤和放线菌病。

3. 叩诊

(1)正常呈空盒音。

(2)浊音见于窦腔积液或肿瘤。

三、呼吸杂音

健康动物一般无异常呼吸音。

1. 鼻狭窄音

(1)原因　鼻黏膜高度肿胀、大量分泌物、鼻腔肿瘤。

(2)特点　吸气时强、呼气时弱，呈口哨音。

(3)临床意义　见于慢性鼻炎、鼻疽、牛恶性卡他热、放线菌病、猪传染性萎缩性鼻炎、重症骨软病和鼻腔肿瘤。

2. 喘息声

(1)原因　高度呼吸困难。

(2)特征　呼吸音显著增强，且呼气时明显，呈粗大"赫赫"声。

(3)临床意义　见于发热性疾病、肺炎、胸膜肺炎、急性胃扩张、急性瘤胃臌气、肠臌气及肠变位等。

3. 喷嚏

见于鼻卡他、羊鼻蝇幼虫病、猪传染性萎缩鼻炎。

4. 喉狭窄音

(1)原因　喉黏膜水肿、发炎、肿瘤或异物导致的喉腔狭窄变形。

(2)特征　呈口哨音、呼噜声或拉锯声。

(3)临床意义　见于喉炎、炭疽、马腺疫、牛结核病和放线菌病。

5. 喘鸣音

(1)原因　返回神经麻痹、声带弛缓、喉舒张肌萎缩、喉腔狭窄，吸气时因气流摩擦和环状软骨及声带边缘振动而发出异常呼吸音。

(2)特征　吸气时明显。

(3)临床意义　见于返回神经麻痹及铅中毒等。

6. 啰音(应更为详细)

(1)呼吸道分泌物黏稠产生干啰音。

(2)呼吸道分泌物稀薄产生湿啰音。

课后作业

一、名词解释

1. 干啰音　2. 湿啰音　3. 鼻狭窄音　4. 喉狭窄音　5. 喘鸣音

二、填空题

1. 鼻腔狭窄音可分为干性狭窄音和湿性狭窄音，其中干性狭窄音呈________声，湿性狭窄音呈________声。

2. 鼻的外部检查主要注意有无________、________、________和溃疡等病变。

3. 鼻孔周围出现水疱见于________和________。

4. 猪发生__________时，可见鼻甲骨增生、变形。

5. 怀疑是马鼻疽时，主要进行______检查，检查者同时戴好口罩，防止传染。

6. 副鼻窦包括______、______、________和______，临床上主要检查______和________。

7. 副鼻窦正常时，叩诊呈______，若窦腔积液或有肿瘤时，叩诊呈______。

8. 鼻狭窄音在________时强，而喘息声在________时强。

9. 喉黏膜水肿可出现_____________，其特征是呈________、________或者________ 。

10. 喘鸣音主要见于返回神经麻痹及铅中毒等，在______时最明显。

三、选择题

1. 湿罗音也被称为(　　)。

A. 水泡音　　B. 猫鸣声　　C. 口哨音　　D. 流水音

2. 干啰音形成的原因是(　　)。

A. 气流通过呼吸道内稀薄的分泌物

B. 气流通过呼吸道内黏稠的分泌物

C. 气体通过肺泡内稀薄分泌物

D. 气体通过肺泡内黏稠分泌物

3. 鼻液量的检查发现，病马出现“抬头不见低头见，静止不见运动见”的量不定特征，此时若进行副鼻窦叩诊，叩诊音呈(　　)。

A. 清音　　B. 浊音　　C. 空盒音　　D. 金属音

四、判断题

1. 喘息声在呼气时最为清楚。(　　)

2. 鼻黏膜检查对于马鼻疽的诊断具有重要意义。(　　)

3. 副鼻窦的主要检查方法有视诊、触诊和叩诊。(　　)

五、问答题

1. 临床上常见的上呼吸道杂音有哪些？分别是由什么原因引起的？

2. 鼻液性状的检查，可为我们提供怎样的诊断思路？

六、病例分析题

一匹赛马，成绩突出，价格昂贵。突然发病，倒地不起，呼吸困难，情况危急。兽医（吉米·哈利，后世称他为世界上最伟大的兽医）代替他的老板西格去诊疗。一是吉米·哈利并不熟悉马病，二是他当时刚从事兽医不久，三是西格是马病方面的专家，因此吉米·哈利的压力非常大，再加上马主对他的极不信任，简直不知如何下手。视诊、触诊、听诊，一圈检查下来，吉米·哈利不得要领，眼瞅着马的状态越来越差，出现了明显的喉狭窄音，可能随时会窒息而死。就在山穷水尽的时候，吉米·哈利下意识地进行了听诊，其实他也不知道怎么办，只不过是为了拖延点时间而已。可就在这时，他无意中触摸到马的腹部有铜钱大小的疹块，他心里一惊，继续触摸其他部位，发现其他部位也有类似疹块。于是，他灵感偶发，确信自己找到了病因。于是，他迅速地抽了一针管肾上腺素，熟练地注入了马的静脉，接下来就是见证奇迹的时候了。不到一分钟，马的症状消失，竟然能够起身。

（1）导致喘鸣音的原因是什么？

（2）该马可能患有何病？

（3）该病例的诊疗可以为我们提供什么样的启示？

七、专业作文题

“专业通俗化，疾病散文化”是推广兽医文化的重要途径，是让动物主人了解兽医及兽医知识的最佳方式。试以散文的形式写一篇短文，可介绍一种疾病、一种药物或一种技术，力求通俗易懂，不少于500字，题目自拟。

第17讲

胸肺的视诊、触诊和叩诊

兽医临床诊断学理论课教案

<table>
<tr><td colspan="2">讲　次</td><td>第 17 讲　胸肺的视诊、触诊和叩诊</td></tr>
<tr><td colspan="2">教学内容</td><td>1. 胸廓的视诊和触诊
2. 肺部的叩诊</td></tr>
<tr><td rowspan="3">三条原则</td><td>设疑</td><td>1. 胸廓视诊有什么意义？能够从中窥测出何种门道？
2. 健康动物的肺叩诊区如何确定？
3. 肺叩诊音会呈现哪些病理变化？</td></tr>
<tr><td>答疑</td><td>1. 由胸廓的组成引出胸廓的可能病变
2. 以图示、动画的方式确定肺叩诊区的界线
3. 解析叩诊音变化的同时，为肺听诊音的变化埋下伏笔</td></tr>
<tr><td>留悬念</td><td>1. 肺叩诊区的变化其实质是一界的变化，是哪一界？
2. 肺叩诊音的变化的实质是什么？
3. 胸肺如何听诊？</td></tr>
<tr><td rowspan="3">三种方法</td><td>比喻</td><td>以流行词语“上水平”喻水平浊音的特征</td></tr>
<tr><td>结构</td><td>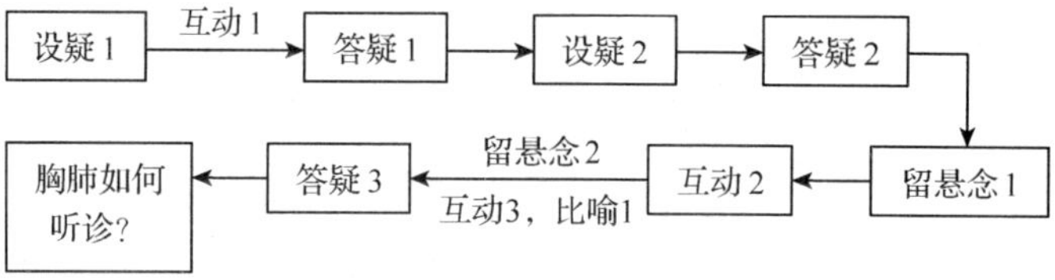
</td></tr>
<tr><td>互动</td><td>1. 胸廓的组成
2. 肺叩诊区变化的实质
3. 肺叩诊音变化的实质</td></tr>
<tr><td colspan="2">教学后记</td><td></td></tr>
</table>

胸廓及肺部的检查，在呼吸系统检查中最为重要，一方面因为肺的活动很容易受到其他器官机能的影响；另一方面肺本身的疾病将直接危害动物的生命活动。

检查的方法主要包括视诊、触诊、叩诊、听诊。其中，叩诊和听诊又最为重要。必要时可用X线检查、超声探查及实验室诊断等。

一、胸廓的视诊和触诊

1. 胸廓的视诊(主要指胸廓的形状)

(1)桶状胸

① 特征：胸廓两侧膨大成桶状，肋间隙显著变宽。

② 临床意义：见于严重的肺气肿。

(2)扁平胸

① 特征：胸廓狭窄呈扁平状。

② 临床意义：见于骨软病、营养不良和慢性消耗性疾病。

(3)鸡胸

① 特征：胸骨明显向前突出，肋骨和肋软骨结合部成串珠状。

② 临床意义：见于佝偻病。

(4)胸廓的不对称

① 特征：患侧胸部扁平而下陷，对侧因代偿而扩大。

② 临床意义：见于一侧肋骨骨折、单侧性胸膜炎等。

2. 胸廓的触诊

(1)胸壁温度升高 见于局部炎症、胸膜肺炎。

(2)胸壁疼痛 见于胸膜炎、肋骨骨折等。

(3)胸部摩擦感 主要见于急性胸膜炎。

二、肺部的叩诊

肺的叩诊在于确定肺和胸膜的状态，肺叩诊区有无扩大或缩小、有无疼痛、有无叩诊音变化等。

1. 正常肺的叩诊音

(1)特征 音调低、音响大、振动持续的时间长。

(2)条件

① 要有一定的叩诊力量。

② 胸壁的厚度一定，胸壁到肺之间的介质状态正常。

③ 肺泡内含气量一定，肺泡具有一定的紧张度。

2. 正常的肺叩诊区

所有家畜肺区前界均为由肩胛骨后角向下所划的直线或沿肘肌向下所划的“S”形曲线，不同之处在于上界和后界。

(1)犬的肺叩诊区

① 上界为自肩胛骨后角所划的水平线，距离背中线2～3指。

② 后界起始于第12肋骨与脊柱交界处，与髋结节水平线交于第12肋间，与坐骨结节水平线交于第11肋间，与肩端水平线交于第8肋间，终止于第6肋间。

(2)马的肺叩诊区(图17-1)

① 上界为一条距离背中线约一掌宽与脊柱平行的直线。

② 后界由第17肋骨与脊柱交界处开始，与髋结节水平线交于第16肋间，于坐骨结节水平线交于第14肋间，与肩端水平线交于第10肋间，终止于第5肋间。

图17-1 马肺叩诊区的确定

1. 髋结节水平线 2. 坐骨结节水平线 3. 肩端水平线

(3)牛的肺叩诊区(图17-2)

① 上界为一条距离背中线约一掌宽与脊柱平行的直线。

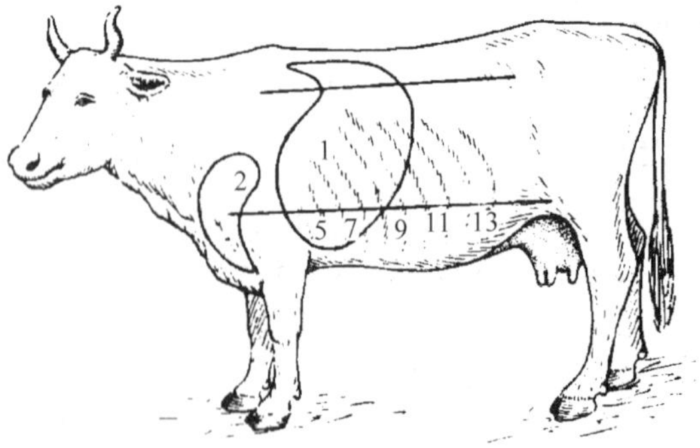

图17-2 牛肺叩诊区的确定

1. 胸肺叩诊区 2. 肩前肺叩诊区

(上线为髋结节水平线，下线为肩端水平线)

② 后界由第 12 肋骨与脊柱交界处开始，与髋结节线交于第 12 肋间，与坐骨结节水平线交于第 11 肋间，与肩端水平线交于第 8 肋间，终止于第 4 肋间。

此外，肩前尚有一狭小的肩前叩诊区，瘦牛更为明显。

3. 肺叩诊区的病理变化

(1)叩诊区扩大(大于正常叩诊区 2 ~ 3cm)

① 原因：肺体积增大或胸腔积气。

② 特征：叩诊区后界后移。

③ 临床意义：见于肺气肿、气胸等。

(2)叩诊区缩小

① 原因：腹内压升高。

② 特征：叩诊区后界前移。

③ 临床意义：见于急性胃扩张、急性肠臌气、瘤胃臌气、瘤胃积液等。

4. 肺叩诊音的病理变化

(1)浊音或半浊音

① 原因：肺泡内充满炎性渗出物，肺泡内含气量减少。

② 特征：呈浊音或半浊音。

③ 临床意义：见于肺结核、肺脓肿、肺坏疽、肺充血，也见于肺肿瘤、肺寄生虫、胸壁增厚及胸腔积液等。

(2)水平浊音(图 17-3)

① 原因：胸腔积液。

② 特征：浊音区上界呈水平线。

③ 临床意义：见于渗出性胸膜炎、血胸及胸水等。

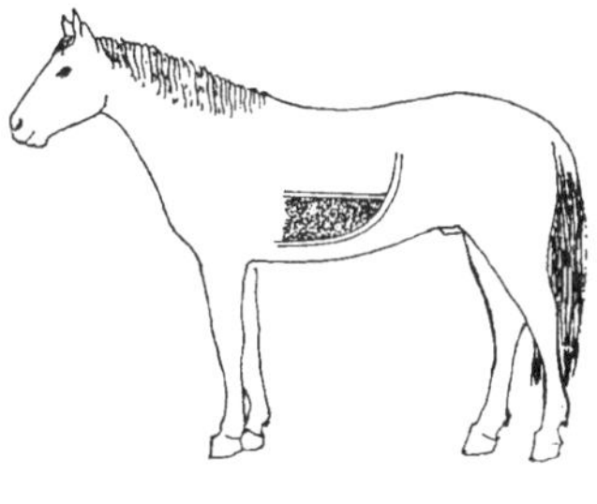

图 17-3 水平浊音示意

(阴影部分为浊音区域)

(3)鼓音

① 浸润部位与健康部位掺杂：见于大叶性肺炎的充血期和吸收期、肺水肿及小叶性肺炎等。

② 肺空洞：见于肺脓肿、肺结核及肺坏疽的空洞期。

③ 支气管扩张：见于慢性支气管炎、肺结核、牛肺疫及肺寄生虫等。

④ 含气的腹腔器官：见于胃肠臌气及膈疝等。

⑤ 气胸。

(4)过清音

① 原因：肺泡弹性降低，气体过度充盈。

② 特征：类似敲打空盒音。

③ 临床意义：见于肺气肿。

（5）金属音

① 原因：较大的肺空洞，且位置浅表、四壁光滑。

② 特征：如叩击金属所发之音。

③ 临床意义：见于肺结核、肺坏疽、肺脓肿等形成较大的肺空洞时。

（6）破壶音

① 原因：肺空洞，且通过支气管与外界相连。

② 特征：如敲打破瓷壶之音。

③ 临床意义：见于肺结核、肺坏疽、肺脓肿等形成较大的肺空洞时。

课后作业

一、名词解释

1. 水平浊音 2. 破壶音 3. 桶状胸 4. 扁平胸 5. 鸡胸

二、填空题

1. 健康动物的胸廓两侧对称，脊柱平直，肋骨膨隆，肋间隙的宽度均匀，病理情况下，胸廓的形状有______、______、______和两侧不对称4种。

2. 胸、肺的病理性叩诊音有浊音、半浊音、______、鼓音、过清音和______。

3. 引起胸肺叩诊呈鼓音的原因有浸润组织和健康组织掺杂、______、______、______和胸腔积液等。

4. 在胸肺部叩诊出清音的3个条件是______、______、______。

5. 桶状胸见于______，扁平胸见于______、______，鸡胸见于______。

6. 健康犬的肺叩诊区，与髋结节水平线交于第______肋间，与坐骨结节水平线交于第______肋间，与肩端水平线交于第______肋间。

7. 健康马的肺叩诊区，与髋结节水平线交于第______肋间，与坐骨结节水平线交于第______肋间，与肩端水平线交于第______肋间。

8. 健康牛的肺叩诊区，与髋结节水平线交于第______肋间，与肩端水平线交于第______肋间。

9. 肺叩诊区扩大见于______、______。肺叩诊区缩小见于腹内压升高的疾病，如______、______和______。

10. 水平浊音的特征是______________。

11. 肺空洞可导致叩诊音呈______、______和________。

三、选择题

1. 肺叩诊界大小的变化，主要是(　　)的变化。
A. 前界　　B. 后界　　C. 上界　　D. 下界

2. 叩诊胸部出现水平浊音，此时若听诊胸部，可听到(　　)。
A. 捻发音　　B. 啰音
C. 病理性支气管呼吸音　　D. 拍水音

3. 若动物患有严重的肺气肿，会出现(　　)。
A. 桶状胸　　B. 扁平胸
C. 鸡胸　　D. 胸廓不对称

4. 肺叩诊区扩大见于(　　)。
A. 大叶性肺炎　B. 小叶性肺炎　C. 肺气肿　　D. 肺结核

5. 水平浊音的特点是浊音区上界呈水平线，其临床意义是(　　)。
A. 心包炎　　B. 肺肿瘤　　C. 瘤胃臌气　　D. 胸腔积液

6. 有时肺叩诊会出现金属音，其原因是因为肺有空洞，请问这种导致叩诊呈金属音的肺空洞的特点是(　　)。
A. 通过支气管与外界相连　　B. 位置浅表，四壁光滑
C. 有细小支气管进入　　D. 位置较深，四壁粗糙

7. 下列哪种疾病不能形成肺空洞？(　　)
A. 肺充血　　B. 肺脓肿　　C. 肺结核　　D. 肺坏疽

8. 确定马的肺部叩诊区时，可通过髋结节线、坐骨结节线以及肩端线确定，请问坐骨结节线交于第几肋间？(　　)
A. 17　　B. 16　　C. 14　　D. 10

9. 临床上若动物出现桶状胸，叩诊肺部呈(　　)。
A. 浊音或半浊音　　B. 水平浊音
C. 过清音　　D. 清音

四、判断题

1. 动物的肺叩诊区是确定的，因此只要变化超过 1cm 的就是病理现象。(　　)

2. 桶状胸在临床上主要见于严重的肺气肿。(　　)

3. 桶状胸的动物在临床上主要表现吸气性呼吸困难。(　　)

4. 无论体位如何改变，肺浊音区上界总为水平线，是水平浊音的最大特点。(　　)

五、问答题

1. 健康马属动物的肺叩诊界如何确定？

2. 健康牛的肺叩诊界如何确定？

3. 胸、肺的病理性叩诊音有哪些？分别是由什么原因引起的？

4. 肺空洞出现时，叩诊肺区可出现鼓音、金属音或破壶音，为什么会出现不一样的叩诊音？

六、病例分析题

4头水牛，突发精神沉郁，张口呼吸，在牛舍就能听到呼吸音，结膜发绀，听诊肺有啰音，其中一头肩、背皮下气肿，触诊有捻发音，体温正常。

因为黑斑病甘薯中毒必须有甘薯的存在，但饲养员和队领导异口同声说，3d前虽然进行了甘薯育苗，但一些坏的山芋(甘薯)让工人处理后吃了，牛未吃到坏的山芋。因此，兽医按一般肺气肿进行治疗，结果第2d，病牛全部死亡。

剖检：气管有泡沫液体，肺气肿明显，特别是间质性气肿，肺表面有大小不一球状气囊。瘤胃内有腐烂的山芋，其他无特异性变化。

剖检结果显示，饲养员和队领导没有据实回答兽医的询问，致使诊断错误。

(1)黏膜发绀、肺部啰音和皮下气肿分别给我们什么提示？

(2)中毒病的诊断什么信息最重要？

(3)饲养员和队领导的谎言可为我们提供什么样的启示？

七、专业作文题

兽医是勇敢人的职业，不怕狗咬、不惧驴踢、不畏猫抓、不怯猪拱。除此之外，还要防御人畜共患病的传染，化解不良畜主的纠缠。同样剂量的麻醉药，有的动物突然醉死，有的动物形同没喝。涉及的动物多，影响的因素复杂，天堂地狱随时可能翻转，没有强大的心理素质根本不能胜任。再者，疾病的复杂，有时难以想象，随时都能被触及到无知的底线。因此，“丢人”是这个专业的常见病。再大的专家，也可能一针疫苗要狗之命；再有名的教授，也可能因麻醉过量，无力回天。如果畏惧失败，选择兽医专业就是你最大的失败。

根据上面这段话写一篇作文，不少于500字，题目自拟。

第18讲

胸、肺的听诊

兽医临床诊断学理论课教案

<table>
<tr><td colspan="2">讲　次</td><td>第 18 讲　胸、肺的听诊</td></tr>
<tr><td colspan="2">教学内容</td><td>1. 生理性呼吸音
2. 病理性呼吸音</td></tr>
<tr><td rowspan="3">三条原则</td><td>设疑</td><td>1. 你们听过肺泡呼吸音和支气管呼吸音吗？它们会是怎样一种音响呢？
2. 呼吸音的增强与减弱可为我们提供怎样的诊断依据？
3. 什么是啰音、捻发音、胸膜摩擦音、拍水音和空瓮音？</td></tr>
<tr><td>答疑</td><td>1. 从声音产生的原理入手，介绍正常呼吸音的生理影响因素
2. 采用互动式、启发式进行讲解
3. 介绍各种呼吸音的特征，并与病理性叩诊音相对比</td></tr>
<tr><td>留悬念</td><td>1. 肺泡呼吸音减弱存在哪些可能的原因？
2. 病理性呼吸音是否与病理性叩诊音存在对应关系？
3. 消化系统应该如何检查？</td></tr>
<tr><td rowspan="3">三种方法</td><td>比喻</td><td>1. 以“胸中不平”喻摩擦音的原因
2. 以“一瓶不满半瓶摇”喻拍水音的特征</td></tr>
<tr><td>结构</td><td>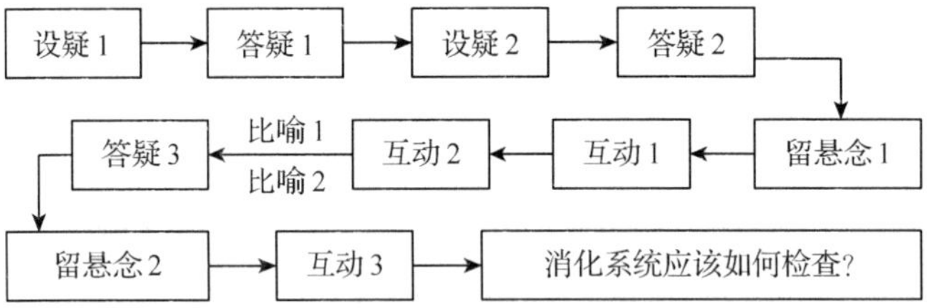
</td></tr>
<tr><td>互动</td><td>1. 肺泡呼吸音减弱的原因
2. 病理性支气管呼吸音的病因
3. 听诊音与叩诊音的对应关系</td></tr>
<tr><td colspan="2">教学后记</td><td></td></tr>
</table>

胸、肺听诊检查是检查呼吸器官最重要的方法，可查明及鉴别生理性呼吸音和病理性呼吸音的性质变化，可以判断呼吸器官的物理状态和机能状态的变化。

一、生理性呼吸音

1. 肺泡呼吸音

(1)概念　由于空气在细支气管和肺泡内进出，导致肺泡弹性的变化及气流振动产生的声音。

(2)特征　“呋呋”声。

(3)生理性影响因素

① 动物的种类：犬猫 > 反刍动物 > 马属动物。

② 消瘦、幼龄、胸壁较薄及深呼吸时加强。

③ 紧张、兴奋、运动、使役及高温时加强，吸气时加强。

2. 支气管呼吸音

(1)概念　是动物呼吸时，气流通过喉部的声门裂隙产生的旋涡运动及气流在气管、支气管内形成旋涡所产生的声音。

(2)特征　“赫赫”。

二、病理性呼吸音

(一)病理性肺泡呼吸音

1. 肺泡呼吸音增强

(1)普遍性增强

① 原因：呼吸中枢兴奋、呼吸运动和肺换气功能增强。

② 特征：“呋呋”之声粗而快。

③ 临床意义：见于发热性疾病、贫血、代谢性酸中毒及支气管炎、肺炎或肺充血的初期。

(2)局限性增强

① 原因：一侧或部分肺组织病变，健康部分呈代偿性增强。

② 特征：局部“呋呋”之声粗而快。

③ 临床意义：见于大叶性肺炎、小叶性肺炎、肺结核、渗出性胸膜炎等。

2. 肺泡呼吸音减弱或不清

(1)特征　变弱或听不清。

(2)原因及临床意义

① 进入肺泡的空气量减少：见于上呼吸道狭窄、呼吸麻痹、胸部疼痛、全身极度衰弱等。

② 肺组织病变：见于各型肺炎及肺结核等。

③ 呼吸音传导障碍：见于渗出性胸膜炎、胸腔积液以及胸壁肿胀。

3. 断续性呼吸音

(1)原因　肺脏局限性炎症或支气管狭窄，导致空气不能进入肺泡。

(2)特征　呼吸音有不规则间歇，呈齿轮状。

(3)临床意义　见于肺炎、肺结核，也见于寒冷、兴奋及疼痛。

(二)病理性支气管呼吸音

(1)特征　呈强“赫赫”音。

(2)原因及临床意义

① 肺组织实变：见于大叶性肺炎红色肝变期、严重的小叶性肺炎。

② 肺组织空洞：见于肺脓肿、肺坏疽、肺结核等。

③ 压迫性肺不张：见于渗出性胸膜炎、胸腔积液等。

(三)病理性混合呼吸音

(1)原因　深部病变组织被正常组织掩盖，或病变组织与正常组织掺杂。

(2)特征　吸气为“呋”，呼气为“赫”，交替进行。

(3)临床意义　见于支气管肺炎、大叶性肺炎初期和肺结核等。

(四)啰音

1. 湿啰音(水泡音)

(1)原因　气流通过呼吸道内稀薄的分泌物。

(2)特征　断续而短暂，如细管在水中吹气，部位恒定，性质稳定，吸气末最明显且容易变动，咳嗽后易失，有大、中、小水泡音的区别。

(3)临床意义　见于支气管炎、细支气管炎、各型肺炎、肺脓肿等。

2. 干啰音

(1)原因　呼吸道狭窄，支气管产生大量的黏稠分泌物。

(2)特征　持续时间长，音调高，呼气时明显，大支气管似猫鸣，小支气管像口哨，咳嗽后易逝，不久则复。

(3)临床意义　见于慢性支气管炎。

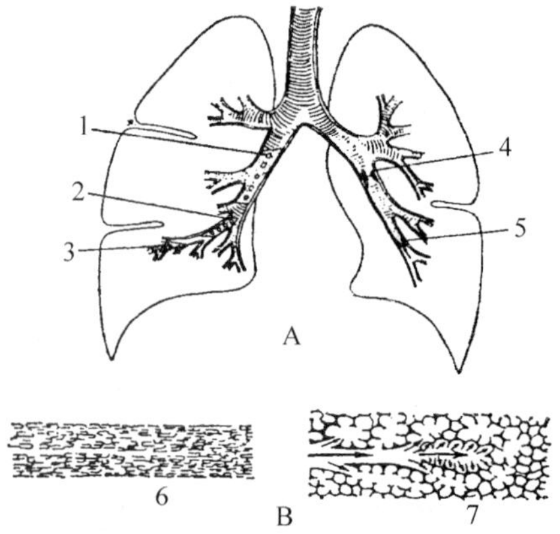

图 18-1　啰音、捻发音产生机理示意

A. 啰音产生机理　B. 捻发音产生机理

1. 大水泡音　2. 中水泡音　3. 小水泡音

4. 鼾音(干啰音)　5. 馆音(干啰音)

6. 肺泡竖黏合　7. 肺泡壁被吸入的空气展开

（五）捻发音

（1）原因 肺泡出现少量渗出物，导致肺泡壁与毛细支气管黏合，但在吸气时又分开。

（2）特征 细碎而均一的噼啪声，吸气末最明显。

（3）临床意义 见于毛细支气管炎、肺结核、肺水肿及肺充血的初期等。

（六）胸膜摩擦音

（1）原因 胸膜变得粗糙不平。

（2）特征 如两手背互搓，呈断续性，不稳定，时有时消，吸气末、呼气初最明显，触诊有胸膜摩擦感，并伴有疼痛。

（3）临床意义 见于纤维蛋白性胸膜炎。

（七）拍水音

（1）原因 胸腔积液。

（2）特征 如半瓶水振荡声。

（3）临床意义 见于渗出性胸膜炎、血胸和脓胸等。

（八）空瓮音

（1）原因 细小支气管进入较大肺空洞，共鸣而生。

（2）特征 类似吹狭口瓶或开水瓶声。

（3）临床意义 见于肺脓肿、肺结核及肺坏疽等。

课后作业

一、名词解释

1. 捻发音 2. 空瓮音 3. 病理性支气管呼吸音 4. 病理性混合呼吸音 5. 肺泡呼吸音 6. 支气管呼吸音 7. 胸膜摩擦音

二、填空题

1. 肺泡呼吸音减弱或听不清楚的原因有________、_______和_______。

2. 形成病理性支气管呼吸音的原因有________、_________和_______。

3. 胸部听诊对于呼吸器官疾病特别是对________、_________和______疾病的诊断具有特殊重要的意义。

4. 生理情况下，________、_________、_________及深呼吸时，肺泡呼吸音增强。

5. 呼吸音传导障碍见于________、________和________等。

6. 胸腔积液时，触诊有__________，叩诊呈__________，听诊呈__________。

三、选择题

1. 捻发音呈细碎而均一的噼啪声，在(　　)最明显。

A. 吸气初　B. 吸气末　C. 呼吸初　D. 呼气末

2. 肺泡呼吸音的强弱因动物品种而异，下列动物中哪种动物的呼吸音最强。(　　)

A. 犬　B. 牛　C. 羊　D. 马

3. 正常的支气管呼吸音呈(　　)。

A. 呋呋　B. 赫赫　C. 呼呼　D. 啦啦

4. 呼吸音传导障碍是肺泡呼吸音减弱的原因之一，请问下列选项中不属于呼吸音传导障碍的一项是(　　)。

A. 渗出性胸膜炎　B. 胸腔积液

C. 肺组织实变　D. 胸壁肿胀

5. 病理性支气管呼吸音是指在动物的肺部非支气管区可以听诊到动物的支气管呼吸音，出现病理性呼吸音的原因很多，请选出不是其原因的一项。(　　)

A. 肺组织实变　B. 进入肺泡的含气量增多

C. 肺组织空洞　D. 压迫性肺不张

6. 胸膜摩擦音的特征是(　　)。

A. 如捻细发　B. 如拉钢锯

C. 如两手背互搓　D. 如拉风箱

7. 空翁音的特征是(　　)。

A. 鸣笛声　B. 口哨声　C. 猫鸣声　D. 开水瓶声

8. 病理性混合呼吸音产生的原因是(　　)。

A. 深部病变组织被正常组织掩盖或病变组织与健康组织掺杂

B. 肺脏局限性炎症或支气管狭窄导致空气不能进入肺泡

C. 进入肺泡的空气量减少

D. 呼吸中枢兴奋、呼吸运动和肺换气功能增强

9. 听诊胸部有胸膜摩擦音，叩诊呈(　　)。

A. 清音　B. 浊音　C. 鼓音　D. 金属音

10. 听诊胸腔内有拍水音，叩诊呈(　　)。

A. 浊音　B. 半浊音　C. 水平浊音　D. 垂直浊音

11. 听诊胸部呈空瓮音，叩诊呈(　　)。

A. 鼓音　B. 过清音　C. 金属音　D. 破壶音

四、判断题

1. 听诊动物的肺部有时可以听到破壶音，其原因是因为肺有空洞，其空洞的特点是通过支气管与外界相连。(　　)

2. 所有家畜肺部的中前区都有较大的支气管接近肺表面，称为支气管区，在这一区域可以听到支气管呼吸音。(　　)

3. 肺泡呼吸音普遍增强见于全身性疾病。( )

4. 干啰音与湿啰音根本的区别在于产生的部位不同。( )

5. 肺组织实变后，声音的传导效果增强，因此可以在肺部听到支气管呼吸音。( )

6. 捻发音与啰音的区别在于产生部位的不同。( )

五、问答题

1. 根据基本诊断方法推断：胸膜炎有哪些临床症状?

2. 教材上多次提到肺空洞，肺空洞可由哪些疾病引起? 可以导致哪些病理现象?

3. 同样都是肺空洞，为什么胸部叩诊时会出现鼓音、破壶音和金属音?

六、病例分析题

【基本信息】金毛犬，7 月龄，雄性，体重 32kg。

【主诉】下午遛犬回家后，发现该犬烦躁不安、呼吸急促、流涎，进而就诊。

【临床检查】心率加快，心音浑浊，可视黏膜发绀，呼吸困难、咳嗽，腹部触诊敏感性增高，体温 39.7℃，初步诊断为中毒。并采取了解毒措施。但在输液治疗的过程中发现，病犬不安、来回翻转，腹围逐渐增大。X 线检查，胃内积聚大量气体，胃体出现典型的“架”状结构。

(1) 对于急性腹痛病，首先应做什么检查?

(2) 该犬可能患有何病?

(3) 该病例可以为我们提供什么样的启示?

七、专业作文题

将扎实的理论之舟驶入波澜壮阔的实践之海

兽医专业培养出来的学生十之八九不会看病，只懂理论，这是基层兽医或企业高管对大学生的普遍评价。实际上，理论也不见得掌握得很好，只是相对实践来说优势明显一些。试想，能将理论融会贯通，又岂能是大学四年所能完成的? 当然，有扎实的理论也是值得炫耀的事情，扎实的理论本就是实践的根基。等到某一天，扎实的理论之舟毅然驶入波澜壮阔的实践之海，你就会明白精通理论是多么强大的资本。理论扎实是内心强大之本，实践过硬是外表炫目之源。理论与实践的强强联手，才是合格兽医的条件。理论是舟，越结实越强大越好；实践是海，越广阔越汹涌越强。再强大的舟，也需要时时维护，常常返修，因此理论学习不可有一日中断。再渺小的海，也不能日日平静，夜夜无澜，因此实践操作不可能有一天偷闲。理论的舟，实践的海，长听涛声才能激情依旧。

根据上述材料写一篇作文，不少于 500 字，题目自拟。

第19讲 消化系统的一般检查

兽医临床诊断学理论课教案

讲　次		第19讲　消化系统的一般检查
教学内容		1. 饮食状态的检查 2. 口腔、咽与食管及嗉囊的检查
三条原则	设疑	1. 消化系统疾病是否会导致饮食状态的变化？饮食状态的变化是否都源于消化系统疾病？ 2. 饮食状态的检查涵盖哪些内容？ 3. 食物进入胃肠的通道通常会出现哪些疾病？
	答疑	1. 以互动切入，探讨饮食状态检查对消化系统疾病的意义 2. 重点介绍吞咽障碍，其余均为了解内容 3. 重点介绍口腔检查
	留悬念	1. 吞咽障碍为何会出现伸颈、摇头、流涎和食物返流等症状？ 2. 食管探诊有何意义？ 3. 马属动物的胃肠如何检查？
三种方法	比喻	1. 以“消化系统疾病的指示灯”喻饮食状态检查 2. 以成语“如鲠在喉”喻吞咽障碍 3. 以“体会”喻反刍
	结构	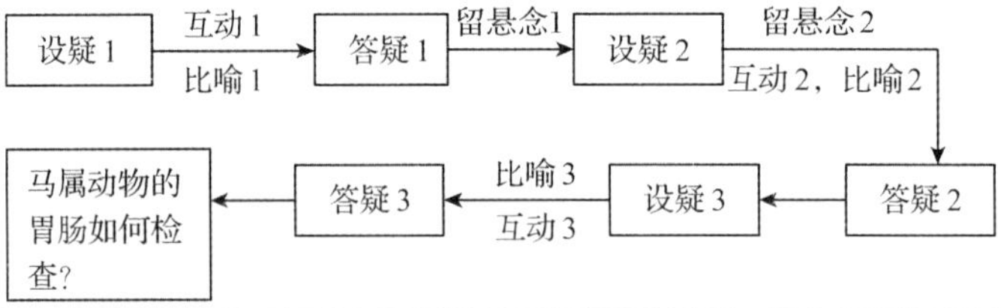
	互动	1. 饮食状态与消化系统疾病的关系 2. 吞咽障碍症状产生的原因 3. 食管探诊的意义
教学后记		

消化系统是动物机体内最重要的营养和排泄器官，消化器官的疾病在临床上最多，不但发病率高，而且疾病经过剧烈，其中，马疝痛、牛的前胃疾病发病率和死亡率都较高。此外，其他器官疾病，也常常对消化器官的疾病有一定的影响，所以消化器官的检查及症状学的研究，就显得特别重要。

消化系统的检查方法很多，具体如下：

① 视诊：观察动物饮食状态、腹围变化及粪便状况。

② 触诊：外部触诊了解腹壁是否敏感，内容物的性质有无改变，直肠触诊可以感知内部器官的变化。

③ 叩诊：检查腹部，了解腹腔器官的变化。

④ 胃管检查：主要检查食管有无阻塞、憩室和扩张等。

⑤ 腹腔穿刺：了解腹腔有无积食等。

必要时可用金属探测器、内窥镜、X 光、B 超及实验室诊断等方法进行检查，以帮助准确诊断。

一、食欲和饮欲

食欲的检查主要是通过询问病史、视诊及饲喂实验等进行，检查时注意采食、饮水、咀嚼、吞咽、反刍、嗳气等。

1. 食欲减少和废绝

见于消化系统疾病、中毒性疾病、发热性疾病、疼痛性疾病和代谢障碍等。

2. 食欲亢进

见于疾病的恢复期、长期甲亢、糖尿病、肠道寄生虫和慢性消耗性疾病。

3. 异嗜

见于营养物质缺乏和代谢紊乱。

4. 饮欲增加

见于脱水、发热、渗出性疾病、真胃阻塞及食盐中毒等。

5. 饮欲减少

见于脑病、胃肠病、疼痛病及狂犬病等。

二、采食和咀嚼

各种家畜都有固有的采食方法，如猪张口吞取食物，牛用舌卷食草料，马和羊用唇拔啃，然后用切齿切取饲草。病理情况下采食与咀嚼障碍主要见于咽部以上疾病，如唇、舌、齿的疼痛性疾病，口腔各部分炎症，异物刺入，慢性氟中毒，骨软症，下颌骨骨折以及某些神经系统疾病等。

三、吞咽

生理状态下，家畜的吞咽由舌、咽、喉、食管、胃的贲门协调完成，而且姿势自然，病理情况下出现吞咽障碍。

1. 吞咽障碍的特征

动物表现为摇头、伸颈、屡次企图试咽而终止或吞咽时并发咳嗽及伴有大量流涎，在马有唾液、饲料残渣与饮水经鼻返流。

2. 吞咽障碍的临床意义

见于食管阻塞、痉挛和麻痹，也见于某些神经系统疾病和中毒性疾病伴发的咽与食管麻痹。

四、反刍

1. 反刍功能减弱

反刍功能减弱主要是前胃机能障碍的结果，见于前胃弛缓、瘤胃积食、瘤胃臌气、创伤性网胃炎、瓣胃阻塞、真胃阻塞及扭转等。

2. 反刍停止

(1)完全停止　提示疾病严重。

(2)顽固性的反刍障碍　见于前胃弛缓及创伤性网胃炎。

(3)在疾病的过程中反复出现　见于严重的全身性慢性消耗性疾病，如结核病的后期等。

五、嗳气

1. 嗳气减少

见于前胃弛缓、瘤胃积食、瓣胃阻塞、真胃阻塞及创伤性网胃炎等。

2. 嗳气完全停止

见于食管阻塞、严重的前胃功能障碍等，一般均伴发瘤胃臌气。

六、呕吐

1. 中枢性呕吐

(1)原因　由于毒物或毒素直接刺激延脑的呕吐中枢而引起。

(2)临床意义　见于脑膜炎、脑肿瘤、某些传染病(如犬瘟热、猪瘟等)、内毒素以及某些药物中毒(如氯仿、阿扑吗啡等)等。

2. 末梢性呕吐

(1)原因　由于延脑以外的其他器官受刺激反射引起呕吐中枢兴奋而发生。

(2)临床意义　见于食道疾病、胃肠疾病、腹膜疾病、腹腔及盆腔器官疾病。

七、口腔的检查

1. 口腔的外部检查

(1) 口唇

① 口唇下垂：见于年龄过大、颜面神经麻痹、霉玉米中毒、下颌骨骨折及狂犬病等。

② 双唇紧闭：见于脑膜炎和破伤风。

③ 局部肿胀：见于马传染性脑脊髓炎、饲料中毒、牛瘟及血斑病等。

④ 局部疱疹：见于口蹄疫、牛瘟、马传染性脓疱口炎。

(2) 流涎

① 原因：唾液腺受病原微生物或粗硬饲料刺激。

② 临床意义：见于口炎、吞咽障碍、中毒及神经系统疾病。

2. 口腔的内部检查

(1) 口腔异味

① 原因：口腔上皮脱落及饲料残渣腐败分解。

② 临床意义：见于口腔炎症、咽炎、食管疾病及胃肠道炎症和阻塞。

(2) 口腔黏膜

① 口湿：主要见于唾液分泌增多的疾病或引起吞咽障碍的疾病。

② 口温：以手指入口腔中感知。高者见于发热性疾病及口腔黏膜的各种炎症。降低见于重度贫血、虚脱或动物的濒死期。

③ 口腔颜色：与一般的黏膜颜色检查相同。

④ 口腔损伤：见于口腔黏膜溃疡及疱疹等。

(3) 舌　主要观察舌的完整性、运动性及舌苔。

(4) 牙齿　齿不整，骨增生；齿摇动，矿物质缺乏；氟斑牙，氟中毒。

八、咽与食管的检查

1. 咽的检查

(1) 视诊　头颈伸直，吞咽障碍见于咽部炎症。

(2) 触诊　自耳向下按压。

① 肿胀及敏感：多为急性炎症过程。

② 淋巴结弥漫性肿胀：见于耳下腺炎、腮腺炎和马腺疫。

③ 局部肿胀：见于牛结核病和放线菌性肉芽肿。

2. 食管检查

(1) 视诊　食管逆蠕动见于马的急性胃扩张。

(2) 触诊　疼痛及痉挛性收缩，见于食管发炎；有硬物见于食管阻塞。

(3)食管探诊

① 确定食管阻塞、狭窄及炎症的发生部位。

② 胃扩张时排气。

九、嗉囊的检查

(1)软嗉　膨大，触诊呈气球感并有波动，见于新城疫、有机磷中毒等。

(2)硬嗉　膨大，触诊坚硬呈捏粉状，见于积食。

课后作业

一、名词解释

1. 异嗜　2. 吞咽障碍　3. 中枢性呕吐　4. 末梢性呕吐

二、填空题

1. 根据病因呕吐可分为________、________和__________3种。

2. 甲亢、糖尿病等发生时，动物在食欲上表现为__________。

3. 动物吞咽障碍表现为________、________、屡次试图吞咽而中止，并伴发咳嗽和大量________。

4. 中枢性呕吐是毒物或毒素直接刺激________的呕吐中枢而引起的。

5. 末梢性呕吐是由于毒物或毒素刺激________以外的其他器官反射性引起呕吐中枢兴奋而发生的呕吐。

6. 眼部淋巴结弥漫性肿胀，见于__________、__________和________。

三、选择题

1. 若鼻液里混有呕吐物，见于(　　)。

A. 贲门痉挛　B. 幽门痉挛　C. 咽炎　D. 食管阻塞

2. 若动物食欲亢进，则其可能患有(　　)。

A. 消化系统疾病　B. 中毒性疾病

C. 甲亢　D. 发热性疾病

3. 动物饮欲减少，甚至恐水，可能患有(　　)。

A. 甲亢　B. 脱水

C. 肠道寄生虫病　D. 狂犬病

4. 马出现唾液、饲料残渣和饮水经鼻反流，见于(　　)。

A. 口炎　B. 胃炎　C. 食管阻塞　D. 鼻炎

四、判断题

1. 动物发生疾病时，通常表现为精神沉郁和食欲不振。(　　)
2. 牛反刍停止常是发生疾病的表现。(　　)
3. 牛嗳气停止常伴发瘤胃臌气。(　　)
4. 胃肠道疾病引发的呕吐属于中枢性呕吐。(　　)
5. 犬瘟热引起的呕吐可使用氯丙嗪止吐。(　　)
6. 呕吐是脱水的重要原因。(　　)
7. 口腔湿度增加主要是因为唾液分泌量增加。(　　)
8. 食管探诊的作用是确定食管阻塞、狭窄发生的部位。(　　)

五、问答题

1. 引起采食和咀嚼障碍的疾病有哪些?
2. 吞咽障碍的主要表现有哪些?
3. 引起动物呕吐的原因有哪些?

六、病例分析题

【基本信息】拉布拉多犬，8 月龄，雄性，未绝育，体重 20kg。

【病史】病犬食物反流已经发生 2d 左右，食欲仍良好，但在尝试吞咽时感到不适。吞咽后，通常 5min 内会反流出未消化的食物。病犬能正常饮水，偶尔也会逆流出喝下的水。病犬的粪便外观正常，在入院前一天起未见排便。病犬此前未罹患任何疾病，已接种 1 次疫苗，并用芬苯达唑驱虫 2 次。宠物主人日常给予病犬优质的幼犬食物。主人怀疑病犬有从垃圾堆中找骨头吃的可能。

【临床检查】口腔检查发现口臭，嘴巴周围有干涸的唾液。病犬有作呕反射，可正常移动舌头，口腔外观正常。胸腔听诊与腹部触诊均未发现异常，淋巴结大小正常。体温 38℃，呼吸 40 次/min，心跳 80 次/min。

【影像学检查】胸腔与腹腔 X 光检查结果显示：后段食道横膈裂孔处有一个相当于矿物密度的异物，胃内还有一个矿物密度的异物。没有证据显示有吸入性肺炎、纵膈炎或纵膈气肿。

(1)病犬出现逆流和口臭，在尝试吞咽时感到不适，可以给我们什么提示?

(2)主人的疑虑是否有助于疾病诊断?

(3)X 线检查是否有助于疾病确诊?

七、专业作文题

像牛一样反刍

牛的最大特点就是反刍。闲来无事，将吞入瘤胃的食物经食管返回口中，不断地咀嚼，别有一番滋味。吃时不挑食，食后在夜深人静独卧休息时，反复回味着青草的幽香，体味着甘草的余味，不失为一种上佳的享受。

人也应该像牛一样反刍，这个反刍不是食物的逆呕，而是对往事的回味。闲时，对往事像牛反刍一样回味一番，另有一番增益。生活的本质，不仅仅是衣食住行，在满足基本生存条件的基础上，更为重要的是思考。而像牛一样的反刍，就是一种彻底的思考。人之反刍，既可以是对往事的咀嚼，也可以是对未来的品味，还可以是对当下人生的最细体味。

像牛一样反刍，没有急躁之意，只有体会之心，爱恨情仇都会在慢慢地咀嚼过程中变得平和。人人都能时时反刍往事、反刍自己、反刍一切，那么世界将充满和平的气息。

参考上文，选择一种动物的一种生活习性或生理活动，从兽医角度出发，逐步延伸到人的生存、生活哲学。字数不少于500字，题目自拟。

第20讲 马属动物的胃肠检查

兽医临床诊断学理论课教案

<table>
<tr><td colspan="2">讲　次</td><td>第 20 讲　马属动物的胃肠检查</td></tr>
<tr><td colspan="2">教学内容</td><td>1. 马属动物胃的检查
2. 马属动物肠管的检查</td></tr>
<tr><td rowspan="3">三条原则</td><td>设疑</td><td>1. 什么叫马疝痛？什么叫起卧症吗？
2. 马属动物的胃有哪些检查方式？
3. 马属动物的肠道疾病最为频繁，怎样通过肠道检查辨别这些疾病？</td></tr>
<tr><td>答疑</td><td>1. 通过解释疝痛与起卧症，引出马属动物胃肠检查的重要性
2. 从胃的解剖及生理特点出发，逐次引出常用的检查方法
3. 由内部结构推断外部变化，根据外部变化特点选择检查方法</td></tr>
<tr><td>留悬念</td><td>1. 视诊看腹围，触诊观敏感，如何通过腹围和敏感性变化判断疾病？
2. 如何通过肠音的变化探知疾病？
3. 反刍动物的胃肠如何检查？</td></tr>
<tr><td rowspan="3">三种方法</td><td>比喻</td><td>1. 以“马属动物的摇滚”喻疝痛的特征
2. 以“矛盾的复合体”喻肠音不整的原因
3. 以古体诗句“大珠小珠落玉盘”喻金属音的特征</td></tr>
<tr><td>结构</td><td>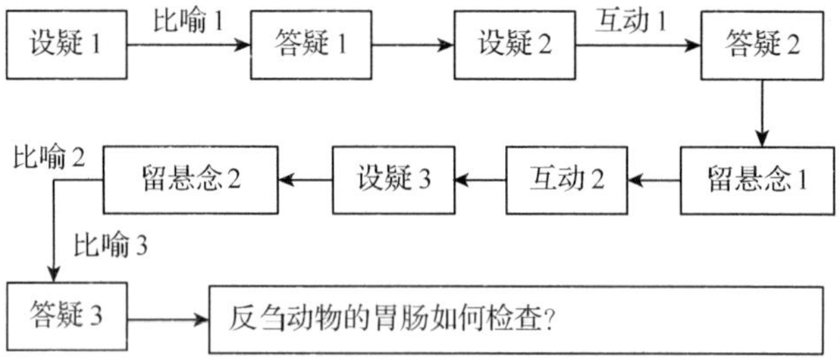
</td></tr>
<tr><td>互动</td><td>1. 马属动物胃肠的特点
2. 胃肠的运动方式及特点</td></tr>
<tr><td colspan="2">教学后记</td><td></td></tr>
</table>

本讲目的在于了解腹部器官，特别是胃肠状态，主要的检查方法有视诊、触诊和听诊。

一、胃的检查

马属动物的胃用一般诊断方法检查有一定的困难，临床上主要用视诊、胃导管探诊、直肠内部触诊、听诊等方法进行检查。

1. 位置

位于第14~17肋间，中部偏左悬空，相当于髋结节水平线附近。

2. 临床意义

(1)起卧、打滚、犬坐、呼吸困难　见于幽门痉挛、急性胃扩张等。

(2)胃部臌胀　插胃管可缓和腹痛症状，见于胃扩张；此外，在安静条件下，特别是当肠音减弱或消失时，在胃区有时可听到短促而微弱的沙沙声、流水声或金属声，3~5次/min。

(3)直肠检查　胃的位置后移，紧张见于胃扩张；胃内容物黏硬，见于胃积食。

二、肠管的检查

视诊看腹围大小，触诊观敏感反应，叩诊无临床意义。

1. 视诊

(1)腹围增大　生理性的见于长期饲喂粗饲料、放牧或妊娠家畜等。病理性见于肠臌气、胃肠积食、腹水等。

(2)腹围缩小　见于发热病、慢性病引起的食欲废绝、长期饥饿、剧烈腹泻等。

2. 触诊

(1)腹壁敏感　触诊时动物表现躲闪、回视、反抗等，见于腹膜炎。

(2)腹壁高度紧张　强烈收缩所致，见于破伤风、胃肠炎等。

(3)腹壁局限性膨大　见于腹壁疝。

(4)触诊有拍水音　见于腹腔积液。

(5)触诊有坚硬物　见于便秘、肠结石及肿瘤等。

3. 听诊

正常肠音：小肠音，类似含漱音或流水声，8~12次/min；大肠音，雷鸣声或远炮声，4~6次/min。

正常肠音听诊部位：小结肠，左腹部上1/3；小肠，左腹部中1/3，右侧腹股沟部；盲肠，右肷部；大结肠，左腹部下1/3，右侧肋弓沿线下部。

(1)肠音增强

① 原因：肠道受冷或化学物质刺激。

② 特点：高朗，连续不断。

③ 临床意义：见于肠痉挛、肠炎、胃肠炎及伴发肠炎的传染病。

(2)肠音减弱或消失

① 原因：迷走神经兴奋性降低，导致肠道弛缓；或者肠段麻痹。

② 特征：肠音稀少，短促而微弱。

③ 临床意义：见于肠弛缓、长期腹泻、慢性消化不良、便秘、肠阻塞、某些发热疾病、神经系统疾病和中毒性疾病。

(3)肠音不整

① 原因：腹泻与便秘交替出现。

② 特征：时快时慢，时强时弱。

③ 临床意义：主要见于慢性肠卡他。

(4)金属音

① 原因：液体落到充满气体且很紧张的肠壁上。

② 特征：似“铁盘滴水音”。

③ 临床意义：见于肠臌气。

课后作业

一、名词解释

肠音不整

二、填空题

肠管的检查方法有视诊和触诊，其中视诊主要是看腹围的变化，腹围缩小常见于__________、____________ 和____________。

三、选择题

1. 马胃的位置在(　　)。

A. 13～16 肋间，中部悬空　　B. 14～17 肋间，中部偏左悬空

C. 13～16 肋间，中部偏左悬空　　D. 14～17 肋间，中部偏右悬空

2. 正常的大肠音呈(　　)。

A. 沙沙声　　B. 风吹声　　C. 流水声　　D. 雷鸣声

3. 肠管听诊时有时可听到金属音，金属音形成的原因主要是液体落到充满气体且很紧张的肠壁上，请问这种金属音的特征是(　　)。

A. 铁盘滴水音　　B. 佩玉鸣鸾音

C. 叩击钢管音　　D. 敲锣打鼓音

4. 马属动物的腹痛病发作时非常剧烈，常倒地滚转，当腹痛症状突然减轻而全身症状迅速加剧时，见于(　　)。

A. 肠臌气　　B. 急性胃扩张　C. 肠梗阻　　D. 胃破裂

5. 膨胀性腹痛的特点是(　　)。

A. 呈阵发性，腹痛与间歇交替　B. 持续性，仅有短暂间歇

C. 持续而剧烈，无间歇　　D. 弥漫性疼痛

四、判断题

1. 肠音不整的特点是肠音高朗，连续不断。(　　)

2. 由于大动物腹腔容积庞大，腹壁较厚和紧张，因此其腹部触诊主要是判断腹壁的敏感性和紧张度。(　　)

3. 马属动物的胃肠检查可用探诊法，其中探诊具有诊断和治疗的双重意义。(　　)

五、问答题

马属动物为何肠道疾病多发?

六、病例分析题

爵爷的马

我过去五年的努力，可说全是为了某一瞬间所做的准备，而至今这一瞬间始终尚未来临。我到德禄镇已经整整24小时了，我还连一个病例也不曾完全自主诊断过。

又是一天过去了，整天跟着西格出诊，以他一个如此粗心健忘的家伙，偏偏对于他新任助手的开张第一炮，他倒是谨慎的要命。

今天我们去过利得古，在那边遇到好多位友善而客气的农夫，他们很愉快地接待我，还预祝我事业成功。只是在西格的指导下工作，就好像又回到大学在教授们的注视下工作一样。我深信，除非我吉米·哈利单人匹马出去诊视一匹病畜，没有人帮我，没有人指导我，否则我的事业不能算已经开始。

不过，这一刻应该是不远了。西格又到巴村去看望他老母亲去了，好一个孝顺的儿子！他说过他会回来很晚，老太太的作息时间一定很与众不同吧。不过这些都不重要，重要的是区区助手如今要独立应诊了！

我坐在靠椅上，随便盖了一条旧被，从法式窗户看出去，正好看到一样投在乱糟糟的草坪上的影子。我真怕我今后大部分的实践都会这么打发掉。

我无聊地猜想我第一个病例会是什么，经过多年的等待以后，一定会来个高潮吧，就像是接生小牛或是便秘的猪什么的，总不至于有什么疑难杂症吧。对于一个刚出道的医生，最好是容易治的毛病。我正在越想越开心的时候，电话铃声大作，这顽固的铃声在空屋里显得格外响。我拿起听筒。

“法医生在吗?”一个低沉而粗糙的声音，不是当地口音。

“对不起，他不在，我是他的助手。”

“他什么时候回来?”

“很晚。我能给您效劳吗?”

“我可不知道你敢不敢来。”对方的声音凶起来了，“我是孙先生，是侯爵爷的农场经理。有一匹名贵的猎马有点消化不良，你可懂得消化不良吗?”

我自觉脖子上的寒毛都竖起来了：“我是一位兽医，我当然懂得治消化不良。”

对方停了好长一段时间，然后才开口说：“好吧，我看也只有找你了。反正我知道该打什么针。还有，看在老天爷的分上，可别慢吞吞的！你得多久才来？别忘了带点泻药来。”

“我立刻就动身。”

“好的。”

我听到对方挂电话的声音。我自觉脸孔发烧，消化不良的可能性很多，偏偏又有一位自封专家的姓孙的在一旁，看起来我这生平第一个病例可有得瞧啦！

在去程的八英里路途中，我一直默忆雷高登的权威之作《马的各种消化不良》。在我医院最后一年中我曾把此书反复使用，其中有的部分我可以像背诗文一般背诵哩！

可能只是一点轻微的食物过敏，或者是胃部抽筋，也可能是吃了什么从未吃过的食物，要不就是吃太多了。对了，大多数的消化不良都是吃太多了，打一针镇静剂减轻它的不舒服，一切就没事了。过去实习期间所有消化不良的病例都想起来了。马儿老是静静地站着，偶尔不安地提起后腿或是朝两旁看看，啥事也没有。

我到了。车子开进一个非常整洁的院子，院子的三面都由四方的木头小房子围着，有一个宽肩膀大骨架的人站在那儿，穿了格子呢的上衣同帽子，剪裁合身的长裤，擦得发亮的靴子，身子骨挺不错的样子。

我在数英尺之遥停下来，而此人仍未转身。等了好久，我看他的背影实在看烦了，只好开口了：“您是孙先生吗?”

开始这位仁兄仍不理会。然后他慢慢转过身来，他的脖子粗而红，一张红脸，小眼凶巴巴的。他一声不响地把我从头看到脚，我的破雨衣，我的年轻，我的缺乏经验，都给他看进眼去。当他终于审视完毕时，才把眼光收回去。

“我就是孙先生，”他特别强调“先生”二字，好像是什么重大头衔似的，“我同法医生是好朋友。”

“我是哈利。”

姓孙的好像没有听见：“嗯，法医生很行，我跟他是好朋友。”

“您的马儿消化不良是吗?”我真希望我的声音不是那么尖而不

稳定。

孙还在看天，他吹了一阵口哨然后才说："在那儿，"他把头歪了歪，指向一个小木屋，"爵爷最好的猎马之一，需要专家给瞧瞧。"他又特别强调"专家"二字。

我打开门自己走进去。地方挺大，厚厚地铺了泥炭，里面有一匹马不停地沿着四周走着，把铺的泥炭都走出一条深沟来了。从鼻尖到尾巴全身都泡在汗里，鼻孔大张，眼睛无神地等着前方。每走一步，它的脖颈不停地转着，大堆大堆的泡沫从它咬得紧紧的牙齿缝往外冒，它全身都冒着热气，好像刚刚狂跑过似的。

我的嘴巴一下子干掉了，一时说不出话来，最后我总算开了口："它这个样子多久啦？"

"今早它就有点肚子痛，我整天都在叫人给他水喝。这个家伙一直在给他水喝，要是这混账又对这匹马做错了什么事，那是一点也不稀奇的。"

我这才看见屋角还有一个人，大胖子，戴了一顶头盔。

"我喂它喝水的呀，孙先生，可是没什么用。"这胖子好像怕得要死。

"你这死马夫，我该亲手喂的，包它现在已经好得多了。"

"光喝水不管用，"我说，"这可不是普通的消化不良。"

"那是什么鬼症候呢？"

"现在没诊断还不能下结论。不过，像这种继续不停地痛得这么厉害，可能是肠结。"

"肠结？见鬼！它有点儿肚子痛，就这么回事，整天什么也没有拉过。你泻药带来没有？"

"要是真是肠结的话，那就再没别的东西比泻药更糟的了。它现在是很痛苦，泻药却可以让它发疯，因为泻药主要是让肠子的肌肉收缩。"

"见你的活鬼！"姓孙的咆哮如雷，"可别给我来么鬼演讲，你到底是动手医还是不动手？"

我转向屋角的大块头："把头盔戴好，我要检查它了。"

大块头总算把马儿拉住不动了。它站在那儿，发抖、呻吟，我则在它肋骨与前肘之间检查脉搏，事情不可能更糟了，脉搏微弱而快速。我翻开眼皮瞧瞧，火红的，温度计上是39.4℃。

我对姓孙的说："请给我一桶热水、肥皂和毛巾。"

"要这些干什么鬼？你什么也不曾干就想洗手了？"

"我要做直肠检查。请你把水拿来。"

"天呐！从没见过这码子事儿。"姓孙的对大块头说，"去呀，别尽站在那儿，快给他水，我们好干正经的。"

水来了，我往手臂上涂了肥皂，轻轻地伸进肛门。我清清楚楚地摸到小肠已经给挤歪了，另外有一大块硬硬的，不该在那儿而在那儿。当我碰到硬块时，马儿战栗了，大声呻吟着。

当我洗手时，我的心在狂跳，我怎么办呢？让我说什么呢？

姓孙的跳出跳进，自言自语，而这匹疼疯了的马儿不停地扭动着。“你拉住这马！”孙对着马夫大吼，“你这混蛋是干什么来的？”大块头一声不响，只呆呆地瞅着他。

我深吸一口气：“所有的症候都指着一件事，现在我已确知这马是肠结。”

“好好好，肠结就肠结，就依你吧。只是看老天的分上动手医呀，难道我们要在这儿站上一夜？”

“什么人也不能做什么，不治之症，要紧的是早点儿结束它的痛苦，越快越好。”

孙的脸都气歪了：“不治之症？结束它的痛苦？你在放些什么屁？你究竟打算干什么？”

我尽力控制住自己：“我觉得你应该让我立刻把它放倒。”

“什么？”孙的嘴巴张得好大。

“我是说立刻把它一枪解决，这是最人道的办法。”

孙好像要爆炸了：“一枪解决？你疯了？你晓不晓得这匹马值多少钱？”

“值多少现在已经无关紧要了，孙先生，它已经受了一天的活罪，现在它快要死了。你早该打电话叫我的，现在它可能还可以再活几个钟头，照样要死，而它现在的痛苦是很厉害的，是无休止的。”

孙把头放在他的两只手中间：“老天，怎么让我碰上这事，爵爷在外度假，要不然我可以请爵爷出来瞧瞧。我告诉你，要是今天是你的老板来的话，他早已给马打过针，半小时以内就把它医好了。这样吧，我等法医生回家再请他给瞧瞧。”

我私心里倒是很乐意接受这个提议，打一针吗啡，然后离开这一场是非，把责任留给别人。这倒简单，我又看看马儿，它又重新开始它那盲目的转圈，跌跌撞撞的，沿着马房一圈又一圈地转，只盼望能把它的痛苦丢在身后。就在我看着它的时候，它把乱扭着的头抬了一下，小声地嘶叫了一声，这一声是如此悲惨、无助、痛苦欲狂！够了！对我来说是太够了！

我快步走出去，把枪从车里拿出来，对大块头说：“把它的头扶稳！”我把枪口对准了两眼之间，一声枪响，只见马腿歪了歪，“砰”地倒在地上，就此静静地躺在那儿。

我转向孙，他正在不能置信地瞪着地上的马，我说：“法医生一早会过来验尸，我希望到时能证实我的诊断。”

我把上衣穿起来，走回车里去，正在发动车子的时候，孙把车门打开，把头伸进来说："我要向爵爷报告今晚的事，也要告诉法医生，我要让他晓得他新雇的助手是个什么样的货！告诉你，要是明天验尸证明你错的话，我一定去法院告你。"他把门"啪"的一声关上，走了。

回到诊所后，我决定坐候老板回来。同时，也竭力使自己觉得，自己并不曾在事业尚未起步之前就把一切搞砸了。回想一切细节，我知道我别无选择，不论我回想多少次，结论总是一样的。

清晨1点西格才回来，他与他老母共度的黄昏一定是愉快的。他瘦脸发光，微带酒气。我没想到他还穿了正式的晚装，虽说上身式样老旧，挂在它的瘦骨架上显得晃荡，不过整个人看起来倒像个大使哩。

西格静静地听完了我报告他的有关病马的种种情况。他正在说什么的时候，电话铃响了。"哦，孙先生是你。"他朝我点点头，坐下，然后又好长一段时间他一直在说："是的。""不是的。""哦。"最后他带有决定性地坐直了，说道："孙先生，谢谢你打电话来，看来哈利先生做了在当时情形之下唯一能做的事。不，我不能同意，让病马自生自灭是太残忍了。我们的职责之一就是减轻痛苦。很遗憾你那么想，我个人认为哈利先生是一位能力非常强的兽医。当时若是我在场的话，毫无疑问我也会那么做。晚安，孙先生，明早见。"

我一下子好过了许多，几乎想开口演说一段致谢辞，而我真正说出口的，只是"谢谢"二字。

西格站起来从火炉上的架子拿下来一瓶威士忌，他给我倒了小半杯，也给自己倒了些，于是重新坐下。

他喝了一口，盯住杯中的琥珀液体约数秒钟，然后他笑了："好呀，你今晚可真碰上了！你的第一个病例，还偏偏是姓孙的。"

"你同他很熟吗?"

"嗯，他的那些我全清楚。相信我，他可不是我的什么朋友。事实上，有人传谣他是个贼。有人说他中饱私囊，揩主人的油已经很久了。我想总有一天他会失手的。"

威士忌像一团火似的直烧到我的胃里，不过我觉得很受用。"我可不希望常常有这种事发生，不过我想兽医这一行也不至于天天如此。"

"不至于。"西格说，"不过你也永远不知道前面有什么在等着你。我们这行相当滑稽，给你无可比拟的机会让给你做傻瓜。"

"我以为得看各人的能力而定。"

"到某一程度而言，的确是如此。能力强可以帮你把工作做得好。不过，即使你是个正牌天才，羞辱耻笑也不定什么时候会落到你的身上。我又一次请了一位鼎鼎有名的医马专家到此地来开一个刀，那匹马在开了一半的当口死掉了。眼看着那位专家狂怒地跳个不停，可让我明白了一条真理：就是说，我自己也会不时地当回傻瓜。”

我笑了：“那我最好现在就退出这行算了。”

“就是这么说，动物都是难以预料的，所以我们这一生也是难以预知的，是一连串的小成功跟小失败加起来的。你得真心爱这一行才撑得下去。今天是姓孙的，明天又可能是别人。只有一样靠得住，就是你永不会觉得单调无聊。来，再喝一点。”

我们又喝又谈，不知不觉窗外的树影已经在灰白色的天空里显现出来了，一只小鸟正在试吹新调。西格打了一个哈欠，把黑领结解下来，看看表，说：“哎，都5点了，谁想得到？我很高兴我们在一起喝了一杯，正好庆祝你的开张第一炮，你说是不是？”

(1)假如你是兽医，对于孙先生电话里的病史诉说，是否很乐观？

(2)你能像吉米·哈利那样背诵一些专业课知识吗？

(3)马发抖、呻吟、大汗淋漓能说明什么？

(4)吉米·哈利凭什么能够判马的死刑？

(5)如何面对无知又无所不知的动物主人？

七、专业作文题

阅读《爵爷的马》，结合自己对兽医的认识，写一篇读后感。要求字数不少于1000字，题目自拟。

第21讲

反刍动物的胃肠检查

兽医临床诊断学理论课教案

<table>
<tr><td colspan="2">讲　次</td><td>第21讲　反刍动物的胃肠检查</td></tr>
<tr><td colspan="2">教学内容</td><td>1. 反刍动物胃的检查
2. 反刍动物肠管的检查</td></tr>
<tr><td rowspan="3">三条原则</td><td>设疑</td><td>1. 瘤胃体积最大，功在发酵，常用的临床检查方法有哪些?
2. 网胃位置最低，体积最小，收缩力最大，最易受伤，如何检查其是否受伤?
3. 瓣胃居中，最易阻塞，如何判断其是否阻塞?
4. 真胃殿后，游离性大，最易变位，如何通过临床检查予以确定?</td></tr>
<tr><td>答疑</td><td>1. 通过图片展示检查方法，通过病例分析解析检查方法的具体应用
2. 从解剖位置入手，分析各种敏感性的检查方法
3. 从食谱牛百叶切入，然后阐述瓣胃的解剖特点和生理特点，进而延伸到检查方法
4. 通过图片和视频展示真胃变位的检查之法</td></tr>
<tr><td>留悬念</td><td>1. 前胃疾病之间有着怎样的联系?
2. 反刍动物肠管检查是否毫无临床价值?
3. 犬、猫及猪的胃肠如何检查?</td></tr>
<tr><td rowspan="3">三种方法</td><td>比喻</td><td>1. 用“万病之源、万病之根”喻反刍动物前胃疾病
2. 以“厌氧微生物的天堂，纤维消化的乐园”喻瘤胃的功能
3. 以歌词“为什么受伤的总是我”喻网胃的发病特点
4. 以“阻塞的要道”喻瓣胃的发病特点
5. 以“挪移的重点”喻真胃的特点</td></tr>
<tr><td>结构</td><td>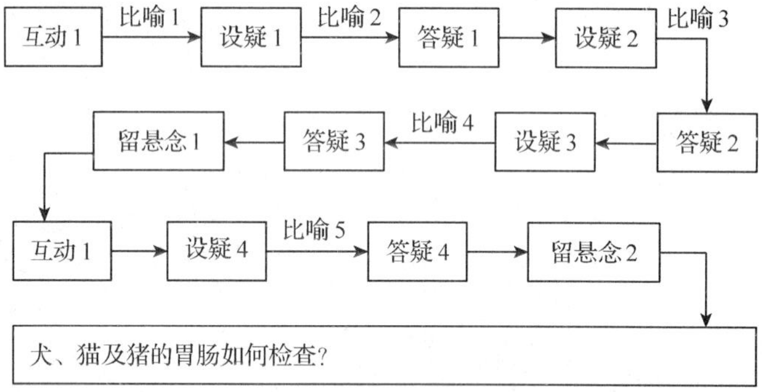
</td></tr>
<tr><td>互动</td><td>1. 前胃的组成及其特点
2. 前胃疾病在牛病中的地位</td></tr>
<tr><td colspan="2">教学后记</td><td></td></tr>
</table>

一、前胃的检查

前胃主要作用是储备、混合、发酵、分解、反刍和嗳气，前胃中有许多微生物，主要有3类，即纤毛虫、细菌和真菌。它们在消化方面起着主要作用，可以把纤维素和糖类分解成葡萄糖，然后再转化成需要的糖。另外，在分解过程中可形成挥发性的脂肪酸，这些东西被吸收，形成乳酸。前胃可以利用简单的食氮物质合成蛋白质，瘤胃细菌还能合成B族维生素和维生素K。

前胃疾病是反刍动物主要的疾病，控制了前胃疾病，可以说在很大程度上就控制了反刍动物的疾病。前胃检查的主要方法有视诊、触诊、听诊和叩诊。

1. 瘤胃(rumen)的检查

(1)视诊　左肷窝涨满，见于瘤胃积食和瘤胃臌气。

(2)触诊

① 瘤胃臌气：表现为腹壁紧张有弹性，感受不到瘤胃内容物。

② 瘤胃积食：表现为内容物坚硬，指压有痕，不易平复。

(3)叩诊

① 瘤胃臌气：表现为鼓音区扩大。

② 瘤胃积食：表现为浊音区扩大。

(4)听诊

① 正常时呈“风吹声”或“沙沙声”，牛1~3次/min，羊2~4次/min。

② 减弱或消失见于前胃弛缓、瘤胃积食、瓣胃阻塞、真胃阻塞等。

2. 网胃(reticulum)检查

由于网胃的位置较低，体积小，收缩力强，一些异物进入网胃，并在网胃的强烈收缩下而损伤网胃，进而穿透网胃、穿过膈肌，刺伤心包，造成创伤性心包炎。所以，网胃的检查主要是观察网胃的敏感性，从而判断其内部有无尖锐异物。

(1)位置　网胃位于胸骨后缘、腹腔的左前下方剑状软骨突起的后方，相当于6~9肋间，前缘紧接膈肌而靠近心脏。

(2)视诊　站立时两前肢外展，前高后低；走时，上坡容易、下坡难，见于创伤性网胃腹膜炎。

(3)触诊　网胃区敏感，见于创伤性网胃炎。

3. 瓣胃(omasum)检查

(1)位置　位于腹腔右侧，7~10肋间，肩端线上下3cm，中点在9肋间。

(2)听诊

① 正常有微弱蠕动音，类似细小捻发音。

② 蠕动音消失见于瓣胃阻塞或发热性疾病。

(3)触诊　敏感见于瓣胃阻塞或创伤性炎症。

二、真胃(abomasums)检查

(1)位置　位于右下腹部 9 ~ 11 肋间的肋弓下方，直接与腹壁接触。

(2)视诊　真胃区突出，左右不对称，见于真胃阻塞或真胃扩张。

(3)触诊

① 敏感：见于真胃溃疡、真胃炎、真胃扭转等。

② 坚实感：呈圆形面袋状且疼痛见于真胃阻塞。

③ 波动感和击水音：见于真胃扭转、幽门阻塞、十二指肠阻塞等。

(4)叩诊　鼓音见于真胃扩张。

(5)听诊

① 正常，呈流水音或含漱声。

② 蠕动音增强，见于真胃炎。

③ 蠕动音微弱、稀少，见于真胃阻塞。

④ 金属音见于真胃变位(听 – 叩诊结合)：在左肷部听诊，同时以手指轻轻叩击左侧倒数第 1 ~5 肋骨或右侧倒数第 1 ~2 肋骨，若听到钢管音，则为真胃变位。

三、肠管的检查

① 正常的肠管软而不实。

② 触之充实，见于肠便秘。

③ 右肷窝触之涨满且听诊有击水音，叩诊为鼓音，见于小肠或盲肠变位。

④ 小肠变硬如香肠且伴有疼痛，见于肠套叠。

⑤ 听诊肠音频繁似流水，见于肠炎或肠痉挛。

课后作业

一、填空题

1. 瘤胃的检查方法有________、________、________和听诊。

2. 瘤胃视诊时左肷窝胀满，正后方视诊时牛腹部两侧不对称，见于________和________。

3. 叩诊瘤胃，浊音区扩大见于__________，鼓音区扩大见于

__________。

4. 瘤胃臌气时，触诊瘤胃，感受不到瘤胃______；瘤胃积食时，触诊瘤胃，内容物坚硬，________。

5. 网胃的触诊方法有________、________ 和________。

二、选择题

1. 进行网胃检查时主要采取的方法是(　　)。

A. 视诊　　B. 触诊　　C. 听诊　　D. 嗅诊

2. 真胃变位常用听－叩诊的方法进行检查，听－叩诊的方法是(　　)。

A. 右肷部听诊，同时以手指轻轻叩击左侧倒数第1～5肋骨或右侧倒数第1～2肋骨

B. 左肷部听诊，同时以手指轻轻叩击右侧倒数第1～5肋骨或左侧倒数第1～2肋骨

C. 右肷部听诊，同时以手指轻轻叩击右侧倒数第1～5肋骨或左侧倒数第1～2肋骨

D. 左肷部听诊，同时以手指轻轻叩击左侧倒数第1～5肋骨或右侧倒数第1～2肋骨

3. 真胃变位可用听－叩诊结合的方法进行检查，此时的听诊音为(　　)。

A. 空翁音　　B. 金属音　　C. 破壶音　　D. 空盒音

4. 下列方法不能用于鉴别瘤胃臌气和瘤胃积食的是(　　)。

A. 瘤胃触诊　　B. 直肠触诊　　C. 视诊　　D. 叩诊

5. 网胃检查主要是检查(　　)。

A. 食物引起的阻塞　　B. 炎症引起的疼痛反应

C. 金属异物引起的疼痛反应　　D. 食物引起的过敏反应

6. 瓣胃的位置是在(　　)。

A. 腹腔右侧6～9肋间，肩端线上下

B. 腹腔左侧6～9肋间，肩端线上下

C. 腹腔左侧7～10肋间，肩端线上下

D. 腹腔右侧7～10肋间，肩端线上下

7. 右肷窝涨满且听诊有击水音，叩诊呈鼓音，见于(　　)

A. 瘤胃臌气　　B. 瓣胃阻塞　　C. 真胃变位　　D. 盲肠变位

8. 正常情况下，瓣胃听诊呈(　　)

A. 沙沙声　　B. 捻发音　　C. 流水声　　D. 远炮声

三、判断题

1. 网胃的主要检查方法是触诊。(　　)

2. 瘤胃蠕动音减少减弱通常是消化障碍所致。(　　)

3. 瘤胃体积最大，主要发生消化障碍；网胃位置最低，收缩最剧

烈，主要发生创伤性炎症；瓣胃处于中间，最容易发生阻塞；真胃游离性很大，主要发生变位。(　　)

4. 瓣胃可以采取触诊和听诊进行检查。(　　)

四、问答题

1. 为什么说胃的检查对牛最为重要？

2. 从牛 4 个胃的解剖点入手，解析牛 4 个胃常发病的原因。

五、病例分析题

1998 年 4 月 3 日下午，新疆兵团十三师某农场，3 月龄以下羔羊 64 只，平时圈养，由于暂时缺些粉碎的草，就增加了较平时多 60g/只左右粉碎的玉米粒。当晚气温突然下降，塑料暖棚当时也已经拆除。第 2 天清晨，发现 4 只羔羊已经死亡。整群羔羊低头呆立，不食，喜饮水，鼻镜干燥，眼结膜发绀，瘤胃胀满，冲击触诊有拍水音。到下午，死亡羔羊已增至 14 只，死亡率为 21.9%，发病率为 100%。

(1)多添加 60 g/只左右粉碎的玉米粒，可以给我们什么提示？

(2)降温受冷是不是发病的主要原因？

(3)饮欲增加，可以给我们什么提示？

(4)冲击触诊有排水音，可以给我们什么提示？

(5)该群羊可能患有何病？

六、专业作文题

谈谈你对“兽医临床诊断学”课程的认识，字数不少于 500 字，题目自拟。

第22讲

犬、猫及猪的胃肠检查

兽医临床诊断学理论课教案

讲次		第22讲　犬、猫及猪的胃肠检查
教学内容		1. 犬、猫及猪的胃检查 2. 犬、猫及猪的肠管检查
三条原则	设疑	1. 犬、猫的胃如何检查 2. 犬、猫的肠管如何检查 3. 猪的胃肠如何检查
	答疑	1. 先讲理论，后病例分析 2. 病例引入，最终总结相关理论 3. 重点介绍猪腹泻的检查
	留悬念	1. 犬、猫的胃常发哪些疾病？有哪些先进的设备可以用于犬、猫胃病的诊断？ 2. 犬、猫的肠常发哪些疾病？有哪些先进的设备可以用于犬、猫肠病的诊断？ 3. 直肠检查如何操作？对临床诊疗有何意义？
三种方法	比喻	1. 以物理学名词“位移”喻“胃移”（胃扩张—扭转综合征） 2. 以对联“嘴尖皮厚腹中空”喻猪胃肠检查的难度
	结构	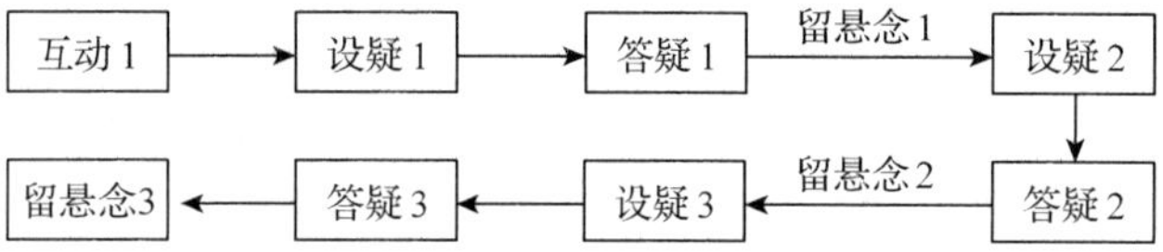
	互动	1. 犬、猫的价值及其与疾病之间的关系 2. 猪的解剖、生理特点与临床检查的局限性
教学后记		

一、胃的检查

1. 视诊

腹围扩大，见于胃扭转、胃扩张、胃肿瘤等。

2. 触诊

(1)胃涨满、坚实　见于急性胃扩张。

(2)胃区敏感　见于胃卡他、胃炎、胃溃疡等。

3. 叩诊

(1)正常时　空腹为鼓音，采食后为浊音。

(2)浊音区扩大　见于食滞性胃扩张。

(3)大面积鼓音　见于急性胃扩张。

4. 探诊

(1)胃管内排出酸臭液体　见于急性胃扩张。

(2)胃管停于贲门　见于胃扭转。

二、肠管的检查

1. 视诊

(1)腹围增大　见于肠臌气、腹腔积液等。

(2)腹围减小　见于急性腹泻、慢性肠卡他及长期营养不良等。

2. 触诊

(1)触摸有坚硬腊肠状粪条或粪块　见于肠便秘。

(2)触摸坚实、有弹性、呈弯曲的圆柱形肠段　见于肠套叠。

(3)触诊有回击波　见于腹腔积液。

3. 叩诊

鼓音见于肠臌气。

4. 听诊

(1)肠音增强　见于急性胃卡他、胃肠炎的初期及引起腹泻的传染病。

(2)肠音减弱或消失　见于胃肠炎和肠便秘的中后期及肠变位等。

(3)肠音不整　见于慢性胃肠卡他。

(4)金属音　见于较为严重的肠臌气。

三、猪的胃肠检查

由于猪本身的解剖特点，其胃肠检查主要用触诊法进行检查。触诊胃区有疼痛反应，见于胃炎、胃食滞性扩张；强压触诊引起呕吐，见于胃扩张；左季肋下区紧张而抵抗明显，见于胃臌气或过食。

课后作业

一、名词解释

急腹症

二、填空题

1. 犬、猫肠管触诊，若有坚硬的腊肠状粪条或粪块，见于______；若有坚实、有弹性、弯曲呈圆柱形的肠段，见于________。

2. 犬、猫呕吐严重，不排便或呈里急后重，应考虑_______的可能。

三、选择题

1. 进行肠管的触诊，若摸到坚实、有弹性、呈弯曲的圆柱形肠段，见于(　　)。

A. 肠便秘　　B. 肠阻塞　　C. 肠套叠　　D. 肠臌气

2. 若犬、猫出现持续性呕吐且排出少量黑色的柏油状粪便，则提示该犬、猫可能患有下列哪种疾病？(　　)

A. 肠套叠　　B. 肠臌气

C. 肠内异物阻塞　　D. 慢性胃肠卡他

3. 猪在严重呼吸困难的时候往往呈犬坐姿势，下列哪种疾病会导致猪呈犬坐姿势？(　　)。

A. 传染性胸膜肺炎　　B. 仔猪副伤寒

C. 仔猪黄痢　　D. 细小病毒病

4. 犬患细小病毒病时，典型的粪便颜色呈(　　)。

A. 豆瓣酱样　　B. 果酱样　　C. 酱油样　　D. 番茄汁样

5. 犬急腹症最快速、有效的检查方法是(　　)。

A. 血常规检查　　B. 超声检查

C. X 线检查　　D. 一般临床检查

6. 犬呈“祈祷”姿势是什么部位疼痛的表现？(　　)

A. 前腹部　　B. 后腹部　　C. 腰部　　D. 胸部

四、判断题

1. 胃扩张时一定发生胃扭转和脾扭转。(　　)

2. 腹部触诊是犬、猫胃肠检查的重要方法。(　　)

3. 胃管探诊是确定胃扭转与否的一种常用方法。(　　)

五、问答题

什么是肠梗阻？肠梗阻如何检查？

六、病例分析题

【基本信息】布列塔尼犬，15 月龄，雌性，体重 9.1kg。

【病史】该犬至入院检查前两天一直很健康，主人反映 2d 前曾玩一瓶胶水，并将胶水盖咬开。玩胶水后不久，病犬曾呕吐两次，食欲减退。呕吐物大多为绿色液体和泡沫，并且也排少量深色粪便。使用芬苯达唑对该犬定期驱虫，其幼龄时已开始接种疫苗。日常食物为市售狗粮，并辅以零食。

【临床检查】病犬安静，但对刺激反应良好。黏膜呈粉红色。胸部听诊，心音和肺音正常，心跳100次/min。腹部触诊发现胃部坚硬且扩张，病犬有不适反应。呼吸24次/min，体温38.4℃。病犬未服用任何药物。

【影像学检查】腹部X光检查结果显示：腹背位与侧位影像均见胃外形扩张和变圆。腹部超声波检查显示，幽门充满高回声物体，虽然幽门部有蠕动，但物体不受蠕动影响，仍然停滞。

(1)呕吐与食欲减退可为我们提供什么启示?

(2)误食胶水是不是应该作为主要致病因素考虑?

(3)X线检查，胃扩张与变圆可为我们提供什么启示?

(4)超声检查所见的高回声性物体，可为我们提供什么启示?

(5)该犬可能患有何病?

(6)该病是怎么发生的?

七、专业作文题

犬、猫等宠物已被视为家庭成员，很多宠物主人为了给自己的宠物看病，不计成本，不惜任何代价，因此宠物行业得以快速发展。请查阅相关资料，结合自己的理解，以《宠物医院的未来》为题，写一篇不少于500字的作文。

第23讲 直肠检查

兽医临床诊断学理论课教案

<table>
<tr><td colspan="2">讲　次</td><td>第23讲　直肠检查</td></tr>
<tr><td colspan="2">教学内容</td><td>1. 马的直肠检查
2. 牛的直肠检查
3. 其他动物的直肠检查</td></tr>
<tr><td rowspan="3">三条原则</td><td>设疑</td><td>1. 直肠检查其实质是一种间接触诊，相对于常规触诊来说，直肠触诊有何优势？
2. 通过直肠检查可以探知马属动物哪些内脏器官？
3. 反刍动物的直肠检查与马属动物的直肠检查有何异同？</td></tr>
<tr><td>答疑</td><td>1. 从介绍古代“谷道入手法”切入，阐述优势所在
2. 先通过互动引出可以触诊的脏器，后进一步说明优势何在
3. 先专门介绍，后列表对比</td></tr>
<tr><td>留悬念</td><td>1. 直肠检查对马属动物腹痛病的诊断有何重要意义？
2. 直肠检查对中小动物是否实用？
3. 从排粪动作可以看出什么问题？从粪便检查中可以发现什么端倪？</td></tr>
<tr><td rowspan="3">三种方法</td><td>比喻</td><td>以“深入”一词的别解喻直肠检查的优势</td></tr>
<tr><td>结构</td><td>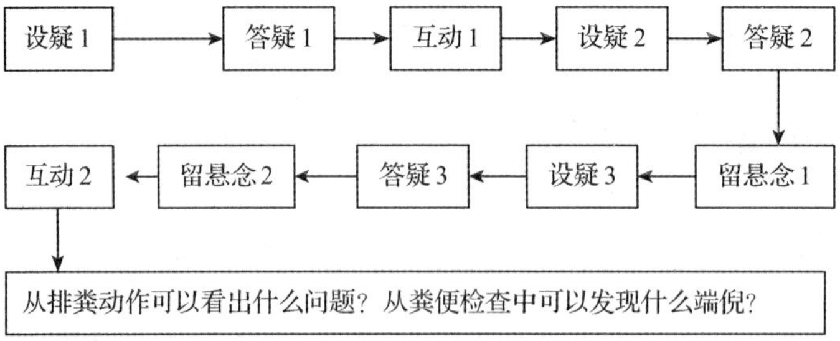
</td></tr>
<tr><td>互动</td><td>1. 通过直肠可间接触诊到的器官
2. 直肠检查的实质性意义</td></tr>
<tr><td colspan="2">教学后记</td><td></td></tr>
</table>

直肠检查(rectal examination)是将手伸入直肠内，隔着肠壁对腹腔和盆腔器官进行触诊的一种检查方法。其目的是感觉器官或病变的位置、形状、大小、硬度、敏感性等。直肠检查对于大家畜的妊娠诊断、发情鉴定、腹痛病的诊断是一种比较可靠的方法，同时还可用于肾脏、膀胱、腹股沟及盆骨等进行检查。此外，直肠检查还可以作为一种治疗的手段，如用隔肠破结术来治疗马的小结肠阻塞、骨盆曲阻塞等疾病。

一、马的直肠检查

1. 盆腔组

(1)肛门

① 周围有无粪便、血液、寄生虫。

② 肛门括约肌的紧张度，紧张见于肠阻塞，弛缓见于老龄、长期腹泻及脊髓麻痹等。

(2)直肠

① 直肠部膨大、空虚，见于肠便秘。

② 直肠紧缩、有大量浓厚黏液蓄积，见于肠变位。

③ 直肠温度增高，见于直肠炎。

④ 血液，见于直肠黏膜出血或直肠破裂。

⑤ 直肠阻塞，见于直肠便秘。

(3)膀胱

① 位置：位于骨盆腔底部，母马隔着阴道与子宫，无尿如梨，积尿似囊。

② 临床意义：有压痛反应，见于膀胱炎；高度膨大、充满尿液，见于膀胱括约肌痉挛、膀胱麻痹、尿道阻塞及结石等。

(4)子宫和腹股沟管内口　子宫角膨大、有波动感，见于妊娠或子宫积脓。

2. 左腹后组

(1)小结肠　大部分位于骨盆口前方左侧，游离性很大。

(2)左侧大结肠

① 位置：左下大结肠，较粗且有纵带及肠袋；右上大结肠，较细无肠袋，内容物呈捏粉样。

② 临床意义：左腹侧或左背侧有坚硬结粪，见于左侧大结肠阻塞。

(3)左腹壁　正常时光滑，若粗糙有疼痛感，见于腹膜炎。

3. 左腹前组

(1)脾

① 位置：沿左腹壁向前至最后肋骨部触诊脾脏后缘，呈扁平镰刀状。

② 临床意义：明显后移，见于胃扩张。

(2)左肾

① 位置：位于腹主动脉左侧，第2~3腰椎横突的下方。

② 临床意义：肾肿大并有压痛反应，见于急性肾炎。

(3)胃

① 位置：位于左肾下方。

② 临床意义：摸到胃后壁紧张而有弹性，见于气滞胃扩张；触之坚硬、压之有痕，见于食滞性胃扩张。

4. 腹中组

(1)腹主动脉　位于椎体下方，稍偏左，管状有波动。

(2)前肠系膜根

① 位置：沿腹主动脉向前，一物垂吊，便是前肠系膜根。

② 临床意义：紧张、变向、剧痛，见于肠变位。

(3)十二指肠

① 位置：肠系膜根部之后，正常时不易摸到。

② 临床意义：右肾附近有手腕粗、表面光滑、质地坚硬、呈块状(或圆柱状)、触之压痛的肠管，见于十二指肠阻塞。

5. 右腹组

(1)胃状膨大部

① 位置：位于右上大结肠与小结肠的连接处，盲肠底前下方。

② 临床意义：腹腔右前方有随呼吸而前后运动的半球状阻塞物，见于胃状膨大部阻塞。

(2)盲肠

① 位置：位于右肷部。

② 临床意义：若摸到充满粪便，见于盲肠阻塞。

(3)右腹壁　正常时光滑，若粗糙有疼痛感，见于腹膜炎。

二、牛的直肠检查

1. 胃肠的检查

(1)直肠

① 直肠内空虚而干涩，见于肠便秘。

② 直肠内有大量黏液，见于肠变位。

(2)瘤胃

① 体积增大，充满坚实或坚硬内容物，见于瘤胃积食。

② 瘤胃背囊明显右移，见于真胃左方变位。

(3)皱胃　正常情况下不能触及，阻塞与扭转时可摸。

(4)盲肠

① 一高度积气的肠段横于骨盆腔入口的前方，见于盲肠扭转。

② 在盆腔口前方不能触摸，见于盲肠折转。

(5)结肠　内容物坚实而有压痛反应，见于结肠便秘。

(6)空肠与回肠

① 如臂一样粗的肉样肠段，见于肠套叠。

② 触摸到螺旋状扭转部且病畜疼痛，见于肠扭转。

2. 泌尿生殖器官的检查

(1)膀胱

① 异常膨大，见于膀胱结石、膀胱括约肌痉挛及膀胱麻痹等。

② 膀胱空虚无尿，见于膀胱破裂。

③ 膀胱有压痛反应，见于膀胱炎。

(2)左肾　左肾肿大且触诊敏感，见于各型肾炎。

(3)卵巢与子宫　主要进行妊娠诊断和发情鉴定。

课后作业

一、名词解释

直肠检查

二、填空题

1. 直肠检查对于大家畜的________、________和________是一种比较可靠的方法。

2. 直肠检查的目的是感觉器官或病变的________、________、________和________等。

3. 大动物可通过直肠检查感知其腹腔和盆腔器官，而小动物则通过________感知其盆腔器官。

4. 牛瘤胃背囊明显右移，见于___________。

三、选择题

1. 进行直肠检查时，当手通过肛门进入直肠时，感觉到直肠膨大而空虚，见于什么疾病？(　　)。

A. 肠套叠　　B. 肠变位　　C. 肠便秘　　D. 肠梗阻

2. 手臂在直肠内感到直肠紧缩，有大量浓厚的黏液见于(　　)。

A. 肠套叠　　B. 肠变位　　C. 肠便秘　　D. 肠梗阻

3. 马的直肠检查可根据各器官的位置分为盆腔组、左腹后组、左腹前组、腹中组和右腹组，其中不属于左腹前组的器官是(　　)。

A. 大结肠　　B. 脾　　C. 左肾　　D. 胃

4. 直肠检查时，由于脾脏位置较深，一般不容易摸到，若感觉到脾脏明显后移，则见于(　　)。

A. 脾肿大　　B. 胃扩张　　C. 肠臌气　　D. 肝硬化

5. 直肠检查时，若动物腹痛剧烈，可用1%的普鲁卡因溶液10～20mL进行后海穴注射，请问后海穴的位置在(　　)。

A. 第3腰椎与第4腰椎间隙　　B. 第4腰椎与第5腰椎间隙

C. 肛门上，尾根下之凹窝正中　　D. 会阴部之正中

6. 直肠检查，发现膀胱高度膨大，充满尿液，见于(　　)。

A. 膀胱炎　　B. 膀胱肿瘤　　C. 膀胱麻痹　　D. 膀胱结石

四、判断题

1. 直肠检查主要是通过直肠触诊消化系统、泌尿系统和生殖系统各器官，感知其状态变化。(　　)

2. 膀胱有尿和无尿时，体积和位置存在巨大差异。(　　)

3. 膀胱膨大时，可突入到腹腔。(　　)

4. 直肠检查可判断子宫的状态。(　　)

5. 直肠检查通常可触摸到动物的右肾。(　　)

6. 直肠检查触诊到脾往往不是因为脾肿大，而是因为胃扩张。(　　)

五、问答题

直肠检查对动物疾病诊断有何意义？

六、病例分析题

【基本信息】短毛家猫，2岁，雌性未绝育，体重3.2kg。

【病史】病猫生活在收容所，来院时已有3d食欲不振与痢疾症状。就诊之前病猫已在收容所生活了大约1个月，因为怀孕所以没有接种疫苗，也没有驱虫。病猫来院时正在哺育两只3周龄的幼猫，奶水量充足。

病猫的腹泻样粪便不带血液与黏液。排便频率未知，但排便时不会很吃力。收容所的工作人员未观察到猫呕吐，但不确定之前是否有呕吐史。病猫的饮水量与排尿量均没变化。

【临床检查】病猫精神状态良好，对周围环境保持警惕，近日体重减轻。乳腺发达，无发热或异常肿胀症状。腹部触诊时有坚实感，推测与结肠粪便堆积、肠套叠或子宫疾病有关。

【影像学检查】胸部X光检查未见异常。腹部超声检查发现：在腹腔前中侧有一段6cm长的小肠，其影像符合肠套叠多重分层的特征。

(1)腹泻、食欲不振是否与腹部触诊的坚硬结构有关？

(2)该病与病猫哺乳是否有关？

(3)寄生虫感染是否会称为肠套叠的诱因？

(4)肠套叠的诊断，X 光与 B 超哪一个更有诊断意义？

七、专业作文题

直肠检查实际上是检查者的手隔着直肠与腹腔器官的感应与对话，请充分发挥你的想象力，写一段手与各腹腔器官的隔“墙”对话，以此反映直肠检查的临床意义。字数不少于 500 字，题目自拟。

第24讲
粪动作及粪便检查（附：肝、脾的检查）

兽医临床诊断学理论课教案

<table>
<tr><td colspan="2">讲　次</td><td>第 24 讲　排粪动作及粪便检查（附：肝、脾的检查）</td></tr>
<tr><td colspan="2">教学内容</td><td>1. 排粪障碍
2. 粪便的感官检查
3. 肝、脾的检查</td></tr>
<tr><td rowspan="3">三条原则</td><td>设疑</td><td>1. 常见的排粪障碍有几种？各有什么特点？各具什么临床意义？
2. 粪便的外观变化可为我们提供哪些诊断依据？
3. 肝、脾位于何处？如何进行检查？</td></tr>
<tr><td>答疑</td><td>1. 通过图片展示特征，通过分析探知原因及其临床意义
2. 讨论入手，图片展示，案例分析
3. 由肝、脾在动物体表的投影位置讲起，进而讲解检查方法及其临床意义</td></tr>
<tr><td>留悬念</td><td>1. 如何区分排粪障碍之间的细微差别？
2. 粪便形状和颜色的改变能够说明什么问题？
3. 排尿动作如何检查？尿液的感官变化有何提示？</td></tr>
<tr><td rowspan="3">三种方法</td><td>比喻</td><td>1. 以“以屎为鉴”喻粪便检查的重要意义
2. 以流行语“理想很丰满，现实很骨感”喻里急后重的特征</td></tr>
<tr><td>结构</td><td>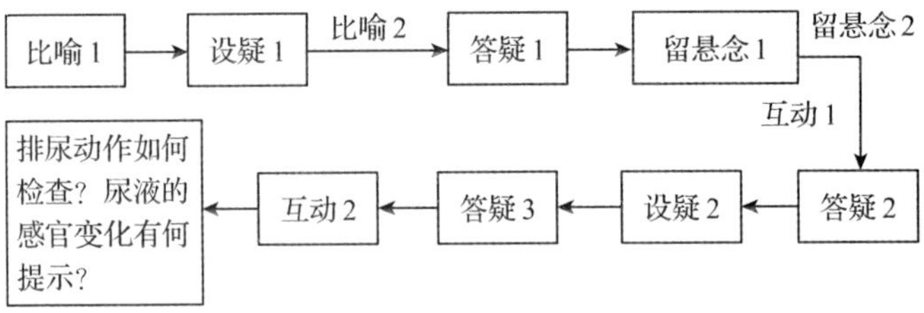
</td></tr>
<tr><td>互动</td><td>1. 正常动物的粪便外观
2. 粪便检查的意义所在</td></tr>
<tr><td colspan="2">教学后记</td><td></td></tr>
</table>

排粪是一种复杂的反射活动，排粪的低级中枢位于腰荐部脊髓，高级中枢位于大脑皮层。当直肠黏膜的感觉末梢受到刺激后，便通过中枢的调节而产生排粪的动作。当腰荐部脊髓损伤时，产生排粪动作异常。

一、排粪障碍

1. 便秘

(1)特征　排粪费力，次数少或屡呈排粪姿势而难于排泄。

(2)临床意义　见于发热性疾病、慢性肠卡他、胃肠弛缓、瘤胃积食、瓣胃阻塞及马属动物的腹痛症等。

2. 腹泻或下痢

(1)特征　排粪频繁，重则失禁，粪便呈粥样或水样。

(2)临床意义　见于肠炎及引起肠炎的各类传染病。

3. 里急后重

(1)特征　便意浓重而便出稀少。

(2)临床意义　见于直肠炎或肛门括约肌疼痛性痉挛。

4. 排粪带痛

(1)特征　排粪时疼痛不安、惊恐、呻吟、胃肠炎、拱腰努责。

(2)临床意义　见于腹膜炎、直肠损伤、胃肠炎及创伤性心包炎。

5. 排粪失禁

(1)特征　动物不采取排粪姿势而不自主地排出粪便。

(2)原因　肛门括约肌松弛或麻痹。

(3)临床意义　见于荐部脊髓损伤和炎症、大脑性疾病等。

二、粪便的感官检查

粪便检查包括物理、化学及显微镜检查。

1. 粪便的形状和硬度

(1)决定粪便形状和硬度的因素

① 饲料的种类。

② 饲料的含水量。

③ 饲料的脂肪和纤维素的含量。

(2)正常粪便的形状

① 马粪呈圆块状。

② 牛粪呈叠饼状。

③ 羊粪呈球状。

④ 犬、猫的粪便呈圆柱状。

⑤ 家禽的粪便为圆柱状、细而弯曲，外覆一薄层白色尿酸。

2. 粪便的颜色

健康动物的粪便颜色因饲料种类而异，否则即为疾病状态。

3. 气味

① 健康动物的粪便无恶臭气味。

② 恶臭见于肠炎和下痢。

4. 粪便的异常混合物

(1)黏液量增多　见于胃肠卡他、肠阻塞、肠套叠等。

(2)黏液膜　见于黏液膜型肠炎。

(3)伪膜　见于纤维素性坏死性肠炎。

(4)血液　见于胃肠出血性疾病。

(5)脓液　见于直肠有化脓灶或肠脓肿破裂。

三、肝、脾的检查

(一)肝脏的检查

当临床上发现动物长期消化障碍、粪便不正常、有黄疸、腹腔积水、精神高度沉郁或昏迷等，应当考虑肝脏疾病，进行肝的检查。肝的临床检查通常使用触诊和叩诊，必要时，可进行肝穿刺活体组织学检查，也可配合肝功能检查。

1. 牛

(1)位置　在右侧第 10 ~ 12 肋间的上部突出于肺脏的后缘，在此部位叩诊时，呈浊音，此即正常肝浊音区。

(2)方法及临床意义

① 叩诊浊音区增大，见于肝脏肿大性疾病，如肝炎、肝脓肿和肝片吸虫病等。

② 触诊可感知有硬固物，并随呼吸运动而运动。

2. 马

(1)位置　肝脏深藏于腹腔前部，右叶向后达第 15 肋间，左叶向后仅达第 8 肋间，左右两叶都不超出肺叩诊界。

(2)方法及临床意义

① 叩诊：肺叩诊界后缘出现肝浊音区，见于肝脏显著肿大。

② 触诊：冲击触诊，病畜有疼痛反应，表现回视、摇尾或蹴踢，见于肝急性炎性肿胀。

3. 犬

(1)位置　犬肝的位置靠前，不能全部触摸到。由于犬腹壁薄，可在肋弓的后缘触摸到左外叶的后缘，在右侧可触摸到右内叶和尾状突。

(2)方法及临床意义

① 触诊：弥漫性肿大时，可触及超出肋弓后缘肿大的肝，其边缘锐利或钝圆。若肝单独肿块，只有向后延伸才能触及。

② 叩诊：正常情况下，在右侧第7～12肋间、肺的后缘1～3指宽、左侧第7～9肋间沿着肺的后缘，均有肝脏浊音界与心脏浊音界的融合。犬患肝脏疾病时，可见肝浊音界扩大，向两侧后方延伸，后缘达到背部和侧方，特别是右侧的肋弓下部显著。触诊敏感。

(二)脾脏检查

脾脏是体内最大的淋巴组织，其主要功能有造血、破坏红细胞、储存血液、调节血量和参与免疫活动等，临床上对怀疑溶血性疾病、某些传染病及寄生虫病等的患病动物，应进行脾脏检查。常用触诊和叩诊法，检查其有无疼痛和肿大。如有必要，还可进行脾脏穿刺，采取标本实施组织学检查。

1. 牛

牛的脾脏位于瘤胃背囊前部，为左肺的后缘所覆盖，所以正常情况下叩诊不能获得其特有的浊音区，当脾炎或脾脓肿时，由于脾肿大，可在肺后界与瘤胃之间得一椭圆形的半浊音区；此时病牛常呈现疼痛反应。

2. 马

马的脾脏位于腹腔左侧，紧接左肺叩诊界的后缘，后界与第18肋弓平行。正常时，在肺叩诊区后界与肋弓之间，可叩出一带状浊音区。在脾的急、慢性炎症及某些血液病和传染病时，由于脾显著增大，脾浊音区向后方扩大，甚至可到髋结节的垂直线。马的脾检查，以直肠内触诊最为确实。脾肿大时，脾后缘显著后移，边缘增厚，变为钝圆。马患急性胃扩张时，脾有时可达最后肋骨的后方或髋结节的垂直线。

3. 犬

犬的脾连于最后1根肋骨和第1腰椎横突的腹侧，在胃的左端和左肾之间。外部触诊，可在下腹部触及脾尾部，应注意其大小、有无结节或肿块。

课后作业

一、名词解释

1. 里急后重　2. 腹泻　3. 便秘　4. 排粪带痛　5. 排粪失禁

二、填空题

1. 常见的排粪障碍包括________、________和________。

2. 排粪费力，排粪次数减少，称为______；排粪次数多，粪便失去原有的形态，称为______；屡呈排便姿势，但每次排出商量黏液，称为________。

3. 里急后重见于________或肛门括约肌疼痛性________。

4. 粪便中混有大量黏液，见于______、______和______。

5. 排粪是一种复杂的反射活动，排粪的低级中枢位于腰荐部________，高级中枢位于________。

三、选择题

1. 里急后重的特征是(　　)。

A. 便意浓重，排便亦多　　B. 便意浓重，排便稀少

C. 了无便意，排便稀少　　D. 了无便意，排便甚多

2. 猫的结肠便秘通常称为(　　)

A. 巨结肠症　B. 肠梗阻　C. 肠套叠　D. 肠内异物

四、判断题

1. 血便颜色为黑红色，说明出血部位在胃或小肠。(　　)

2. 粪便的形状和硬度因饲料种类和饮水量而异。(　　)

3. 犬传染性肝炎会导致特征性的“蓝眼”。(　　)

4. 当临床上发现动物长期消化障碍、粪便不正常、有黄疸、腹腔积水、精神高度沉郁和昏迷时，应怀疑肝脏疾病。(　　)

5. 腹腔内大的占位性病变通常见于脾肿瘤。(　　)

五、问答题

1. 腹泻是临床上最常见的排粪障碍，试分析其常见的病因。

2. 小肠性腹泻与大肠性腹泻有何不同?

六、病例分析题

【基本信息】罗威纳幼犬，5 月龄，雄性未绝育，体重 20kg。

【病史】病犬来院时为非门诊时间的急诊病例。来院 36h 前，病犬开始变得精神不佳并开始干呕，接着呕吐出含有胆汁的液体。病程逐渐进展为呕吐出血色液体和出现腹泻。腹泻越来越呈血样，有消化过的暗色血液和一些鲜血出现。排便时病犬无需费力且粪便不带黏液。病犬呕吐后开始不吃不喝。

病犬来院前 1 个月曾以非班太尔和吡喹酮进行过驱虫。在 6 周龄被动物主人从繁殖业者购买回来时，已接种了细小病毒、腺病毒、副流感病毒和犬瘟热病毒疫苗。但尚未进行过疫苗追加注射。病犬平日吃市售的幼犬狗粮。

【临床检查】精神较差，流涎，脉搏微弱，体温 39.6℃，体温计上沾有带血液的粪便。

【实验室检查】血常规检查，中性粒细胞明显减少，红细胞压积偏低，血清钾浓度降低。犬细小病毒抗原检测阳性。

(1)出血性腹泻和呕吐可为我们提供什么启示?

(2)幼犬出血性腹泻首先应检测什么疾病?

(3)根据血液颜色判断，是小肠性出血还是大肠性出血?

(4)中性粒细胞的明显减少可为我们提供什么启示?

(5)动物已免疫，为何还会发病?

(6)腹泻之后为何要补钾?

七、专业作文题

粪便检查在临床上至为重要，通过便秘、腹泻、里急后重等排粪障碍检查，可为动物疾病诊断提供方向；粪便的感官检查，可进一步为我们提供诊断依据；若再进行粪便的实验室检查，则可为我们提供正确的诊断。因此说，粪便就是动物疾病的一面镜子，应用好这面镜子，可以照出很多疾病的原形。请以《以屎为鉴》为题写一篇作文，说明粪便检查对消化系统疾病诊断的意义。字数不少于 1000 字。

第25讲

排尿动作及尿液的感官检查

兽医临床诊断学理论课教案

讲　次		第25讲　排尿动作及尿液的感官检查
教学内容		1. 排尿动作检查，包括排尿姿势和排尿障碍 2. 尿液的感官检查，包括尿色、透明度、黏稠度和气味
三条原则	设疑	1. 不同动物的排尿姿势是否相同？雌雄动物排尿姿势是否有异？ 2. 排尿障碍可分为哪几种？每种的原因、特征和临床意义是什么？ 3. 尿液的感官变化可为我们提供哪些重要的诊断信息？
	答疑	1. 以笑话切入，讨论展开，分析终结 2. 互动引入，比喻深入，图解分析 3. 互动引入，列表比较解决红尿问题
	留悬念	1. 无尿与尿闭存在着怎样的本质区别？ 2. 尿液带红均是血吗？ 3. 尿液的化学检查包含哪些内容？具有怎样的临床意义？
三种方法	比喻	1. 以笑话“公狗沙漠之死”暗喻排尿姿势的重要性 2. 以“大河无水小河干”喻肾前性少尿或无尿 3. 以“水龙头滴水”喻尿淋漓
	结构	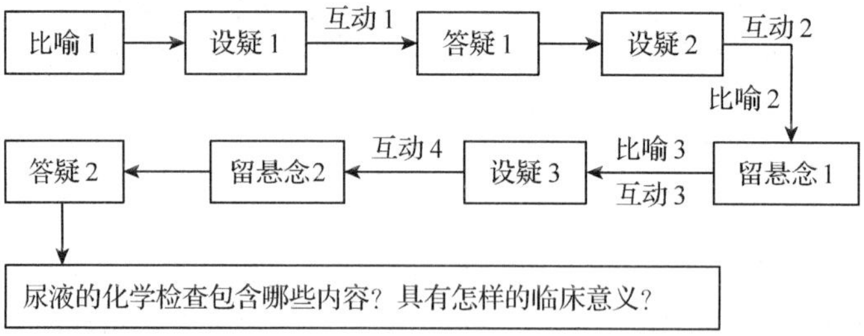
	互动	1. 健康动物的排尿姿势 2. 排尿障碍的可能分类 3. 无尿与尿闭的差异 4. 不同动物尿液的感官差异
教学后记		

泌尿器官是动物机体重要的排泄器官，肾脏是尿液形成的器官，肾盂、输尿管、尿道是尿通过的道路，膀胱是储存尿液的器官。

在生理功能上，泌尿器官不但排除代谢产物，而且对于维持体液平衡，调节水盐代谢和酸碱平衡有重要作用。

泌尿生殖系统的检查包括临床检查和尿常规检查两部分，本讲介绍临床检查。检查方法有视诊、触诊、尿道探诊、尿道造影及实验室检查等。

一、排尿动作

(一)排尿姿势

1. 牛、羊

(1)母牛、母羊　后肢展开，下蹲，举尾，背腰拱起。

(2)公牛、公羊　随时随地可排。

2. 马

不论公母，运动中不能排。排尿时，前肢略向前伸，腹部和尻部略向下沉，吸气后停止呼吸，开始排尿。

3. 犬、猫

(1)母犬、母猫　先蹲后排。

(2)公犬、公猫　先将一后肢翘起，将尿排于其他物体。

(二)排尿障碍

1. 频尿和多尿(pollakiuria and polyuria)

(1)频尿　排尿次数多，尿量不增多，见于膀胱炎、膀胱结石、肾炎等。

(2)多尿　24h 内尿量增多，次数可多、可少，见于慢性肾功能不全、糖尿病、应用利尿剂、注射高渗葡萄糖、渗出液的吸收期等。

2. 少尿或无尿(oliguria and anuria)

(1)肾前性少尿或无尿

① 原因：机体脱水，循环血量减少。

② 特征：尿量轻度或中度减少，尿比重升高，无血尿。

③ 临床意义：见于严重的脱水或电解质紊乱，心力衰竭、循环虚脱等。

(2)肾源性少尿或无尿

① 原因：肾小球和肾小管严重损伤。

② 特征：尿比重降低，尿中出现蛋白质、红细胞、白细胞、肾上皮细胞和各种管型。

③ 临床意义：见于肾小球肾炎、急性肾小管坏死、各种慢性肾病引起的肾功能不全。

(3)肾后性少尿或无尿

① 原因：肾盂到尿道的尿路被阻。

② 特征：常伴有血尿和排尿疼痛。

③ 临床意义：见于尿道狭窄或阻塞。

3. 尿闭(anuresis)

(1)原因　排尿通路受阻。

(2)特征　肾脏正常，但尿液潴留膀胱而不排出。

(3)临床意义　见于结石、炎性渗出物及血块等导致的尿路阻塞或狭窄。

4. 尿淋漓(stranguria)

(1)特征　排尿不畅，点滴状。

(2)临床意义　见于急性膀胱炎、尿道和包皮炎症、尿石症、犬的前列腺炎等。

5. 尿失禁(enuresis)

(1)特征　动物未采取一定的准备动作和相应的排尿姿势，而尿液不自主地经常自行流出。

(2)原因及临床意义

① 真性尿失禁：又称完全性尿失禁，指尿液连续从膀胱中流出，膀胱呈空虚状态。见于外伤、手术或先天性疾病引起的膀胱颈和尿道括约肌的损伤；还可见于雌性动物尿道口异位、膀胱阴道瘘等。

② 假性尿失禁：又称充盈性尿失禁，指膀胱功能完全失代偿，膀胱过度充盈而造成尿液不断溢出。见于各种原因所致的慢性尿潴留，膀胱内压力超过尿道的阻力时，尿液持续或间断溢出。

③ 急迫性尿失禁：严重的尿频、尿急而膀胱不受意识控制而发生排空，通常继发于膀胱的严重感染。这种尿失禁可能由膀胱的不随意收缩引起。

④ 压力性尿失禁：当腹内压突然增高(咳嗽、喷嚏等)时，尿液不自主地流出。这是由于膀胱和尿道之间正常解剖关系的异常，使腹压增加，传导至膀胱和尿道的压力不等，膀胱压力增高而没有相应的尿道压力增高。另外，也与盆底肌松弛有关。主要见于老龄的雌性动物，特别是多次分娩或产伤者。

此外，脊髓疾病而致交感神经调节机能丧失，如脊髓损伤、某些中毒性疾病、昏迷或长期躺卧的病畜，造成膀胱内括约肌麻痹等，也引起尿失禁。

二、尿液的感官检查

尿液检查的内容包括尿液的颜色、透明度、黏稠度和气味等，主要检查方法有视诊和嗅诊。

1. 尿色

正常时因含尿黄素或尿胆原，呈深浅不一的黄色。

(1) 血尿

① 特征：浑浊而不透明，振荡后呈云雾状，放置后沉淀。

② 临床意义：见于急性肾炎、肾结石、膀胱炎及尿道出血。

(2) 血红蛋白尿

① 特征：颜色均匀而无沉淀。

② 临床意义：见于牛巴贝斯虫病、钩端螺旋体病、新生仔畜溶血病、牛血红蛋白尿等。

(3) 肌红蛋白尿

① 特征：颜色均匀而无沉淀。

② 原因：肌肉组织变性，肌红蛋白入血。

③ 临床意义：见于马肌红蛋白尿症及硒缺乏。

(4) 药物红尿　药物的颜色决定尿液颜色。

2. 透明度

(1) 浑浊度增加

① 特征：新鲜尿液即浑浊不透明。

② 原因：尿液中混有炎性细胞、血细胞、上皮细胞、管型、坏死组织碎片、细菌及大量黏液。

③ 临床意义：主要见于泌尿生殖器官疾病。

(2) 透明度增加

① 原因：尿液酸度增加。

② 特征：清亮如水。

③ 临床意义：马属动物的纤维性骨营养不良，以及使尿液变酸的疾病。

3. 黏稠度

升高见于多尿或尿液呈酸性的疾病，降低见于肾脏、肾盂、膀胱、尿道炎症。

4. 气味

(1) 腐败气味　见于膀胱或尿道溃疡、化脓、坏死等疾病。

(2) 酮味　见于奶牛酮病、羊妊娠毒血症等。

课后作业

一、名词解释

1. 频尿　2. 多尿　3. 少尿和无尿　4. 尿闭　5. 尿淋漓　6. 尿失禁

二、填空题

1. 少尿和无尿可分为_________、________和_________。

2. 正常的尿液呈深浅不一的黄色，是因为尿中含有________和________。

3. 常见的排尿障碍有频尿、多尿、_______、________、_______和少尿。

4. 在运动中也能排尿的家畜是______，先将一后肢抬起，将尿液排在其他物体上的家畜是________。

5. 频尿强调的是24h之内排尿________的增多，多尿强调的是24h之内尿液________的增多。

6. 肾前性少尿或无尿的原因是________________________，肾源性少尿或无尿的原因是______________________________，肾后性少尿或无尿的原因是______________________________。

7. 尿闭是指尿液潴留在膀胱不能排除，但______和________是正常的。

8. 尿道的不完全阻塞，动物在临床上表现__________。

9. 尿失禁根据其原因可以分为__________、__________、急迫性尿失禁和__________。

10. 血尿的特征是浑浊而________，震荡后呈________，放置后________。

11. 血红蛋白尿见于__________、__________和__________。

12. 尿液的浑浊度增加，主要是因为尿液中混有________、血细胞、________、________和大量黏液。

三、选择题

1. 正常时能在运动中排尿的动物是(　　)。

A. 公猫　　B. 公马　　C. 公牛　　D. 公犬

2. 肾前性少尿或无尿是因为(　　)。

A. 循环血量减少　　B. 肾小球和肾小管损伤

C. 尿路阻塞　　D. 尿结石

3. 尿淋漓的特点是(　　)。

A. 尿排不出来　　B. 尿中带血

C. 排尿不畅，呈点滴状　　D. 排尿失禁，尿液自流

4. 正常的尿液呈深浅不一的黄色，是因为尿液中含有(　　)。

A. 尿黄素和尿素　　B. 尿黄素和尿胆原

C. 胆红素和尿胆原　　D. 胆黄素和尿黄素

5. 血红蛋白尿的特征是(　　)。

A. 颜色均匀而无沉淀　　B. 浑浊而不通明

C. 振荡后呈云雾状　　D. 放置后沉淀

6. 硒缺乏会使动物出现(　　)。
A. 血红蛋白尿　　B. 血尿
C. 黄尿　　D. 肌红蛋白尿
7. 马的尿液较为浑浊，其原因是尿中含有(　　)。
A. 黏蛋白　　B. 总蛋白　　C. 白蛋白　　D. 球蛋白
8. 马属动物发生纤维性骨营养不良时，其尿液(　　)。
A. 浑浊度增加　　B. 清亮如水
C. 黏稠度增加　　D. 有腐败气味
9. 谜语：水龙头没关紧(打一种排尿障碍)。(　　)
A. 多尿或频尿　　B. 尿闭　　C. 尿失禁　　D. 尿淋漓
10. 有尿路阻塞形成的少尿或无尿，称为(　　)。
A. 肾前性少尿或无尿　　B. 肾源性少尿或无尿
C. 肾后性少尿或无尿　　D. 尿路源性少尿或无尿
11. 血红蛋白尿伴发可视黏膜黄疸是(　　)的特征。
A. 肝脏疾病　　B. 胆道疾病　　C. 溶血性疾病　　D. 肾脏疾病
12. 哪种动物的新鲜尿液即混浊不透明？(　　)
A. 马　　B. 牛　　C. 羊　　D. 猪

四、判断题

1. 频尿是指在24h内，动物排尿次数增多，尿液的总量也增多。(　　)
2. 肾前性少尿或无尿是由肾小球和肾小管严重损伤引起的。(　　)
3. 马不论公母，在运动中均不能排尿。(　　)
4. 无尿和尿闭是同一病理过程。(　　)
5. 新鲜的血红蛋白尿颜色均匀，但不久之后就会沉淀。(　　)
6. 血红蛋白尿和肌红蛋白尿从感官上无法鉴别。(　　)
7. 尿液酸度增加，浑浊度增加。(　　)

五、问答题

1. 少尿和无尿的病因分为哪3种？各有什么特点？
2. 什么是尿闭？可由几种因素引起？
3. 频尿和多尿有什么不同？它们的临床意义是什么？

六、病例分析题

【初步诊断】一头水牛，突然发生不吃，腹围逐渐增大，精神沉郁，请兽医诊疗。临诊见到精神沉郁，张口呼吸，心跳快，结膜发绀，瘤胃蠕动弱，腹围大，触诊腹部软而有波动感，体温38.5℃，站立时四肢外展。初步诊断为腹膜炎，并进行相应的治疗，次日早晨发现牛死于牛舍。

【剖检确诊】腹腔约有80kg液体，有尿味，膀胱前端有2cm的撕裂口，肾、输尿管均无异物，阴茎上端也无明显的变化，在龟头上端有炎性肿胀，在肿胀处有一细绳缠绕阴茎，其他内脏无明显变化。根据剖检病变最终确诊为尿闭所致的膀胱破裂。

【病因追溯】进一步调查：3d 前上午放牧时，牧童看到牛的阴茎经常伸出而爬跨其他牛，牧童用放牛鞭拴住阴茎，阴茎很快缩回包皮内并奔跑，牛鞭断了，当晚牛小便困难，呈点滴状，牧童不敢向大人说明情况。次日在放牧时，该牛常站立做排尿姿势，但无尿排出。第三天上午发现腹围增大，不吃草，喜卧，张口呼吸，下午前往就诊。

(1)初步诊断错误的原因是什么？

(2)该病例可以给我们提供什么启示？

七、专业作文题

材料 1：生产队的一头牛，早上发现反刍停止，瘤胃臌胀，呼吸困难。恰在这时，生产队的黄豆丢了，据饲养员反映，可能被牛偷食了。因此，兽医当即诊断为瘤胃积食，并进行了瘤胃切开术。但切开瘤胃后，却未发现一粒黄豆。在进一步的调查中，才发现原来饲养员自己偷拿了黄豆，恰巧牛出现类似症状，因此欲将责任全部推到牛身上。

材料 2：一头奶牛，难产。主人将之带至兽医院，请求剖宫产。兽医未做任何临床检查，就直接进行了手术，结果打开子宫后并未发现胎儿，于是将子宫缝好还纳腹腔，进行了腹腔常规闭合。后主人在返回途中，发现一头出生不久的小牛，才恍然大悟。原来在他牵牛去往兽医院的途中，胎儿已经产出。

结合上述两段材料写一篇作文，字数不少于 500 字，题目自拟。

第26讲

尿液的化学检查

兽医临床诊断学理论课教案

讲　次		第26讲　尿液的化学检查
教学内容		1. 尿液酸碱度检查 2. 尿液蛋白质、潜血、尿胆素原、尿糖和酮体的检查
三条原则	设疑	1. 尿液的化学检查也称为尿常规检查，从中可以反映出哪些系统的病变？ 2. 健康动物的尿液并无哪些物质的存在？ 3. 如何解读尿常规化验单？
	答疑	1. 通过提问泌尿的过程及作用，引出尿常规检查的具体内容 2. 通过互动讨论的方式进行 3. 通过病例进一步分析尿常规检查的项目及其临床意义
	留悬念	1. 尿液 pH 值会受到哪些因素的影响？ 2. 潜血是否是血尿或红尿的一种？ 3. 尿沉渣如何检查？尿沉渣检查的意义何在？
三种方法	比喻	以“一滴水能折射出太阳的光辉，一滴尿能折射出肾脏的安危”喻肾脏检查的重要性
	结构	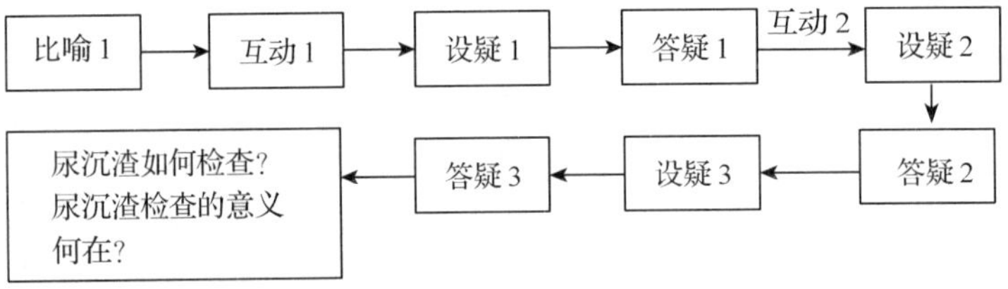
	互动	1. 泌尿的过程及其意义 2. 健康动物尿液中的物质成分
教学后记		

尿液由肾脏产生，是机体代谢的产物，尿的成分极为复杂，尿中约有 96% 的水分，4% 的干物质。尿中含有蛋白质代谢的终产物，如尿素、氨、嘌呤、肌酐和马尿酸等。终尿还含有胆色素、无机盐等。

此外，尿液中还可能有植物色素及服用的某种药物出现。因此，尿液检查不仅对泌尿器官疾病的诊断非常重要，而且对其他器官疾病的诊断、预后及治疗效果的判定有重要意义。

尿液检查包括物理检查、化学检查和显微镜检查。

一、尿液的酸碱度(pH 值)

1. 原理

肾小管上皮分泌细胞分泌 H^+ 与肾小管滤液中的 NH_3 或 HPO_4^{2-} 结合，形成 NH_4^+ 或 $H_2PO_4^{2-}$。之所以草食动物的尿液呈碱性，是因为草料中含钠、钾等碱元素；之所以肉食动物的尿液呈酸性，是因为肉食中含硫、磷等成酸元素较多。

2. 参考值

马 7.2 ~7.8，牛 7.7 ~8.7，羊 8.0 ~8.5，犬、猫 6 ~7。

3. 临床意义

(1)降低　见于某些发热疾病、长期饥饿和酸中毒。

(2)增高　见于尿道阻塞和膀胱炎等。

二、蛋白质

1. 原理

致病因素→毛细血管壁的滤过率增加→大量蛋白质进入尿液→蛋白尿

2. 临床意义

(1)生理性蛋白尿　见于剧烈运动、紧张、寒冷、发热和摄入蛋白过多等。

(2)病理性蛋白尿

① 见于急性肾炎、慢性肾炎、间质性肾炎、肾盂肾炎等。

② 见于药物(如庆大霉素、磺胺类药物、氨苄青霉素等)或化学药品(如斑蝥和松节油等)引起的肾病。

③ 见于某些发热性传染病，如炭疽、口蹄疫、结核、传染性胸膜肺炎及猪瘟等。

④ 见于肾脏梗死、肿瘤、创伤、代谢性酸中毒等。

⑤ 见于血尿、膀胱炎、阴道炎或前列腺炎等。

三、潜血

1. 定义

潜血是指尿液中不能用肉眼直接观察出来的红细胞或血红蛋白。

2. 临床意义

(1)红细胞　见于泌尿系统的各部位出血。

(2)血红蛋白　见于溶血性疾病。

四、尿胆素原

1. 原理

肠道中细菌还原胆红素结合物而产生的物质，大部分经肝肠循环，小部分从肾小球滤过而随尿排出。

2. 临床意义

(1)增多　见于溶血性疾病和肝实质性疾病。

(2)减少或消失　见于阻塞性黄疸。

五、尿糖

1. 原理

血液中的葡萄糖含量超过了肾糖阈。

2. 临床意义

(1)生理性糖尿　见于恐惧、兴奋以及饲喂大量含糖饲料等。

(2)病理性糖尿　见于糖尿病、甲状腺功能亢进、肾上腺皮质功能亢进、肾脏疾病、化学药物中毒、肝脏疾病等。

六、酮体

1. 原理

体内脂肪动用过多而导致酮体增加。

2. 临床意义

见于奶牛酮病、奶山羊妊娠毒血症、长期饥饿、犬猫糖尿病等。

课后作业

一、名词解释

1. 潜血　2. 肾糖阈

二、填空题

1. 病理性糖尿可见于__________、__________、__________化学药品中毒及肝脏疾病等。

2. 尿液检查包括________、________和________。

3. 草食动物所采食的饲草料中钠、钾等元素较多，因此尿液一般呈________；肉食动物所采食的食物中硫、磷含量较多，因此尿液一般呈________。

4. 尿液在膀胱中潴留时间长，尿液 pH 值会________；而发生发热性疾病时，尿液 pH 值会________。

5. 生理性蛋白尿见于________、________、________ 和蛋白摄入过多等。

6. 尿胆素原增多见于________ 和________，减少或消失见于________ 。

三、选择题

1. 下列选项中，不属于酮体的是(　　)。

A. 丙酮酸　　B. 丙酮　　C. 乙酰乙酸　　D. β－羟丁酸

2. 正常的尿液中含有(　　)。

A. 葡萄糖　　B. 氯化钠　　C. 蛋白质　　D. 酮体

3. 尿道阻塞性疾病可使尿液的 pH 值(　　)。

A. 升高　　B. 降低

C. 不变　　D. 可能升高，可能降低

4. 糖尿病发生时(　　)。

A. 血糖升高，尿糖升高，尿酮体降低

B. 血糖降低，尿糖降低，尿酮体升高

C. 血糖升高，尿糖升高，尿酮体升高

D. 血糖降低，尿糖降低，尿酮体降低

四、判断题

1. 正常尿液中无葡萄糖，因此，尿液中一旦检测到葡萄糖就是一种病理情况。(　　)

2. 草食动物的尿液一般呈酸性，因为其食物中含有较多的硫、磷等酸性元素。(　　)

3. 血红蛋白尿常见于泌尿器官的炎症。(　　)

4. 尿中胆素原显著增多见于阻塞性黄疸，消失见于溶血性疾病及肝实质性疾病。(　　)

5. 蛋白尿是肾脏疾病重要的病理表现，所以说肾脏疾病一定会出现蛋白尿。(　　)

6. 潜血指的是尿液中的红细胞或血红蛋白。(　　)

7. 尿糖升高其血糖必定升高。(　　)

五、问答题

尿液的化学检查包含哪些内容？其临床意义是什么？

六、病例分析题

【基本信息】雪纳瑞犬，4 岁，雄性，体重 7.3 kg。

【主诉】该犬近两天以来排尿不畅，频繁排尿，但尿量很少且尿柱很细，从早晨开始已经出现血尿。

【临床检查】可视黏膜潮红、呼吸急促、腹部膨大、膀胱充盈且触诊疼痛。X线检查阴茎段尿道可见一连串的结石亮影，且膀胱内蓄积大量尿液和少量结石亮影，诊断为尿道结石。

【病例处置】医生建议犬主对病犬进行血常规检查和肾功能检查，若病犬体况允许则进行手术治疗。犬主反对手术治疗，要求对病犬导尿，将结石冲入膀胱内即可。医生将病犬仰卧保定，向尿道内插入导尿管，出道阻塞部位的结石后向导尿管内注射生理盐水，试图增加压力将结石出入膀胱。在通过导尿管注入生理盐水时，病犬突然吼叫，表现剧烈疼痛，可视黏膜苍白。再触摸腹部时已触摸不到充盈的膀胱，随即对病犬注射止血药和血浆，同时对病犬实施麻醉，准备进行膀胱破裂修补手术，但在对术部皮肤消毒时病犬已死亡。

(1)犬主人的坚持是否合理?

(2)医生对病情的判断是否准确?

(3)即便结石冲入膀胱成功，是否能解除病因?

(4)谁该对突然死亡的犬负责?

七、专业作文题

“一滴水能反射出太阳的光辉，一滴尿能反映出泌尿系统的安危。”请结合尿液检查，谈谈对这句话的理解。字数不少于500字，题目自拟。

第27讲 尿沉渣的检查

兽医临床诊断学理论课教案

<table>
<tr><td colspan="2">讲 次</td><td>第 27 讲　尿沉渣的检查</td></tr>
<tr><td colspan="2">教学内容</td><td>1. 尿沉渣的制备方法和检查方法
2. 尿中有机沉渣的检查
3. 尿中无机沉渣的检查</td></tr>
<tr><td rowspan="3">三条原则</td><td>设疑</td><td>1. 尿沉渣如何获得?
2. 有机沉渣是由哪些成分构成的？其临床意义如何?
3. 无机沉渣是由哪些成分构成的？其临床意义如何?</td></tr>
<tr><td>答疑</td><td>1. 突出“沉”的过程，强调“渣”的处理
2. 熟悉上皮细胞形态，通晓管型形成过程及特征
3. 比较酸碱性尿中无机沉渣的差异</td></tr>
<tr><td>留悬念</td><td>1. 各种管型的出现意味着什么?
2. 尿沉渣的检查对于泌尿系统疾病的鉴别有何重要意义?
3. 泌尿器官和外生殖器如何检查?</td></tr>
<tr><td rowspan="3">三种方法</td><td>比喻</td><td>1. 以“泌尿器官身份证”喻上皮细胞
2. 以“肾脏损伤的指示灯”喻管型</td></tr>
<tr><td>结构</td><td>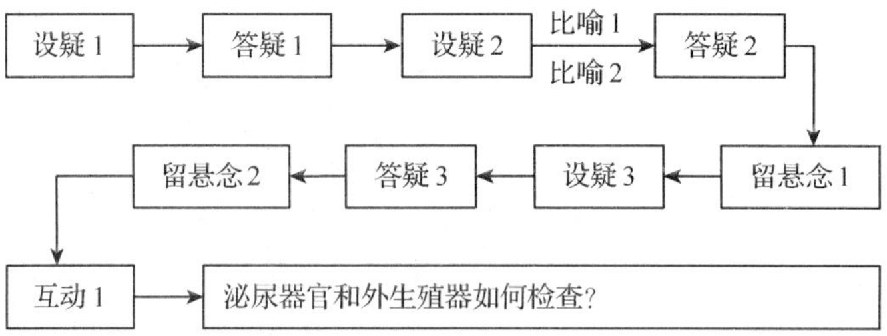
</td></tr>
<tr><td>互动</td><td>什么情况下需要做尿沉渣检查</td></tr>
<tr><td colspan="2">教学后记</td><td></td></tr>
</table>

尿沉渣检查可补充理化检查的不足，查明理化检查不能发现的病理变化，不仅可以确定病变的部位，并可阐明疾病的性质，对肾脏和尿路疾病的诊断具有重要意义。

一、尿沉渣的制备方法与检查方法

1. 制备

静置1h或低速离心5～10min。

2. 检查

沉淀物1滴→散开→加盖玻片→低倍镜、暗视野观察。

二、尿中有机沉渣及临床意义

1. 上皮细胞(图27-1)

(1)肾上皮细胞

① 形态：呈圆形或多角形，细胞核大而明显，核圆形或椭圆形，位于细胞中央。

② 临床意义：见于肾病、急性肾炎等。

(2)肾盂及输尿管上皮细胞

① 形态：较大，肾盂上皮细胞呈高脚杯状，输尿管上皮呈纺锤形，核大，偏心。

② 临床意义：见于肾盂肾炎、输尿管炎。

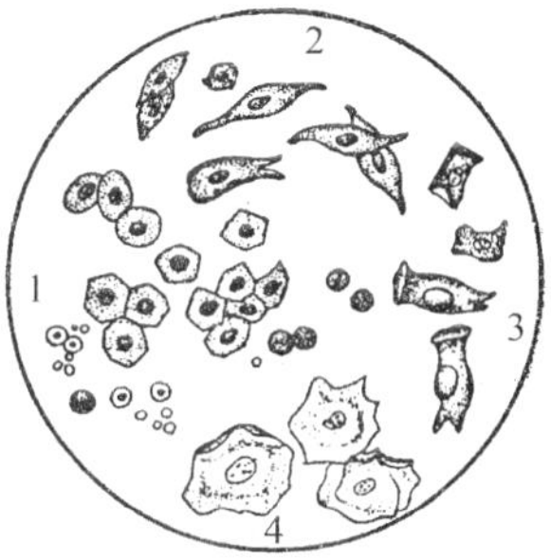

图27-1　尿沉渣中的上皮细胞

1. 肾上皮　2. 尿路上皮
3. 肾盂上皮　4. 膀胱上皮

(3)膀胱上皮细胞

① 形态：大而多角的扁平细胞，核小而圆或椭圆。

② 临床意义：见于膀胱炎。

2. 血细胞、脓液及黏液

(1)红细胞(结合上皮细胞可判定出血部位)

① 形态：小而圆，淡黄褐色，无细胞核。

② 临床意义：见于肾炎、膀胱炎、尿道炎、结石等。

(2)白细胞

① 形态：略大有核。

② 临床意义：见于肾及尿路炎症。

(3)脓细胞

① 形态：变性的分叶核粒细胞，结构模糊。

② 临床意义：见于肾炎、肾盂肾炎、膀胱炎和尿道炎。

(4)黏液

① 形态：无结构的带状物。

② 临床意义：见于尿道炎。

3. 管型(图27-2)

管型是指蛋白质在肾小管发生凝固而形成的圆柱状物质，多量表示肾脏受损严重。

(1)肾上皮细胞管型

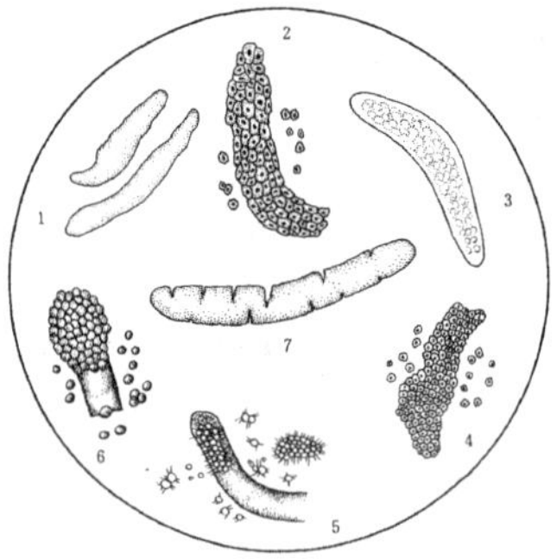

图27-2 尿沉渣中各种管型模式图

1. 透明管型 2. 上皮管型 3. 颗粒管型 4. 血细胞管型 5. 脂肪管型 6. 混合管型 7. 腊样管型

① 形态：蛋白质基质中嵌入肾上皮细胞。

② 临床意义：见于急性肾炎、慢性肾炎、间质性肾炎、肾病。

(2)红细胞管型

① 形态：红细胞嵌入蛋白质基质中。

② 临床意义：见于急性肾炎、慢性肾炎。

(3)白细胞管型

① 形态：蛋白质基质中嵌入白细胞。

② 临床意义：见于肾盂肾炎、间质性肾炎。

三、尿中无机沉渣及临床意义

1. 酸性尿中的无机沉渣(图27-3)

(1)草酸钙

图27-3 酸性尿中的无机沉渣

上半：酸性尿中无机沉渣 1. 草酸钙 2. 硫酸钙 3. 尿酸

下半：病理性尿沉渣 Ⅰ. 亮氨酸 Ⅱ. 酪氨酸 Ⅲ. 胆固醇

① 特征：其典型结晶为四角八面体，如信封状，无色。有时呈球状、饼干状、盘状及砝码状。

② 临床意义：大量出现见于糖尿病、慢性肾炎和脑神经疾病。

(2)硫酸钙

① 特征：长棱柱状或针状，有时积聚成束状、扇状结晶。

② 临床意义：见于马的小肠卡他及内服硫酸钠之后。

(3)尿酸

① 特征：为棕黄色的磨刀石

状、叶簇状、菱形片状、十字状、梳状等。

② 临床意义：见于饥饿和发热性疾病。

2. 碱性尿中无机沉渣检查（图 27-4）

（1）碳酸钙

① 特征：为圆形，具有发射线纹，此外有哑铃状、磨刀石状、饼干状及鼓槌状等。

② 临床意义：减少或缺乏见于尿液变酸的疾病，如瘤胃酸中毒、酮病等。

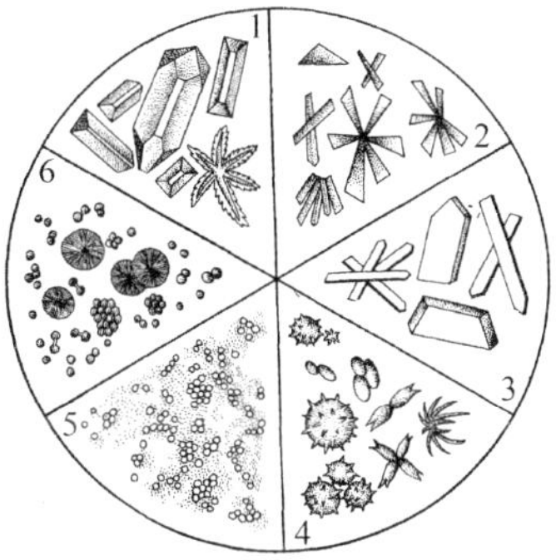

图 27-4　碱性尿中的无机沉渣

1. 磷酸铵镁　2. 磷酸钙　3. 马尿酸　4. 尿酸铵　5. 磷酸盐　6. 碳酸钙

（2）磷酸钙结晶

① 特征：无定形，呈白色或淡灰色颗粒。

② 临床意义：减少或缺乏见于尿液变酸的疾病，如瘤胃酸中毒、酮病等。

（3）磷酸铵镁

① 特征：为多角棱柱体及棺盖状结晶，也有雪片状和羽毛状。

② 临床意义：出现见于肾盂肾炎和膀胱炎。

（4）尿酸铵镁结晶

① 特征：类似曼陀罗果穗状，表面有刺突，有时呈放射状。

② 临床意义：见于膀胱炎、肾盂肾炎等化脓性炎症。

（5）马尿酸结晶　马尿中的正常成分，减少或消失见于肾脏疾病。

① 特征：为棱柱状及针状结晶，有时结合成束状，如交错的针状、扇状、扫帚状等。

② 临床意义：为马尿正常成分，减少或消失见于肾实质性病变。

课后作业

一、名词解释

1. 管型　2. 尿沉渣

二、填空题

1. 常见的管型种类有__________、__________、__________和脂肪管型等。

2. 尿中的有机沉渣主要是指各种_____和各种______，无机沉渣主要是指酸性尿和碱性尿中的________。

3. 酸性尿中的无机沉渣有________、__________和__________。

三、选择题

1. 若动物的尿液中有管型，则说明(　　)。

A. 肾脏受损　B. 输尿管受损　C. 膀胱受损　D. 尿道受损

2. 急性肾小球肾炎时，尿中可出现(　　)。

A. 膀胱上皮细胞　B. 肾盂上皮细胞

C. 输尿管上皮细胞　D. 肾上皮细胞

3. 肾上皮细胞的形态呈(　　)。

A. 高脚杯状　B. 圆形或多角形

C. 纺锤形　D. 多角的扁平细胞

4. 外形呈棺盖状的无机沉渣是(　　)。

A. 磷酸铵镁　B. 马尿酸结晶　C. 硫酸钙　D. 草酸钙

四、判断题

1. 尿中管型多量出现，表示输尿管严重受损。(　　)

2. 尿沉渣中有多量的膀胱上皮细胞见于膀胱炎。(　　)

3. 尿沉渣中有什么上皮细胞就说明病变部位在什么地方。(　　)

五、问答题

尿中的有机沉渣主要有几种？各有什么临床意义？

六、病例分析题

【基本信息】松狮犬，5 岁，雌性未绝育，体重 22kg。

【主诉】近几天，该犬频尿且流出脓性分泌物，食欲有所减退。

【临床检查】病犬阴门附着少量黄色半透明脓性液体，体温 39.7℃，呼吸加快，心率正常。血常规检查，白细胞总数升高，粒细胞总数升高，其他项目正常。初步诊断为子宫蓄脓，并与主人沟通进行手术治疗。

【剖腹探查】打开腹腔后，发现子宫并无病变，膀胱蓄积少量尿液，触摸膀胱壁增厚且红肿，将膀胱尿液导出后送检，尿液中可见脓细胞和大量白细胞与少量红细胞。探查肾脏和输尿管无异常，关闭腹腔。遂诊断为膀胱炎。

【预后】后按膀胱炎治疗 1 周后，预后良好。

(1)频尿是膀胱炎的特征，而脓性分泌物呢？

(2)对于母畜而言，阴门分泌物是否要判断清楚是来自生殖器官还是泌尿器官？

(3)剖腹探查本身就是一种诊断方法，但该病例剖腹探查是否有必要？可不可以应用其他方法得以确诊？

七、专业作文题

你是否有过独立诊疗的经历，若有，请写下当时情形与感受；若无，请想象一下你的第一次独立诊疗，是成功还是失败，是恐慌还是坦然。字数不少于 500 字，题目自拟。

第28讲

泌尿器官及外生殖器检查

兽医临床诊断学理论课教案

<table>
<tr><td colspan="2">讲　次</td><td>第 28 讲　泌尿器官及外生殖器检查</td></tr>
<tr><td colspan="2">教学内容</td><td>1. 泌尿器官的检查
2. 外生殖器的检查</td></tr>
<tr><td rowspan="3">三条原则</td><td>设疑</td><td>1. 如何通过视诊和触诊感知肾脏的病变？
2. 膀胱与尿道多发阻塞性疾病，如何诊断？
3. 公畜与母畜的外生殖器如何检查？</td></tr>
<tr><td>答疑</td><td>1. 图片展示肾炎的症状表现，列表比较不同动物肾脏的体表触诊部位
2. 结合病例分析，阐明触诊对膀胱和尿道检查的重要意义
3. 利用大量图片，让学生了解外生殖器常见疾病及对生产性能的影响</td></tr>
<tr><td>留悬念</td><td>1. 泌尿器官为何易发结石？
2. 外生殖器检查的意义何在？
3. 意识障碍如何识别？脊柱与头颅怎样检查？</td></tr>
<tr><td rowspan="3">三种方法</td><td>比喻</td><td>1. 以“S 路上的拥堵”喻公畜尿道结石的特征
2. 以“高产奶牛的副作用”喻奶牛乳房炎</td></tr>
<tr><td>结构</td><td>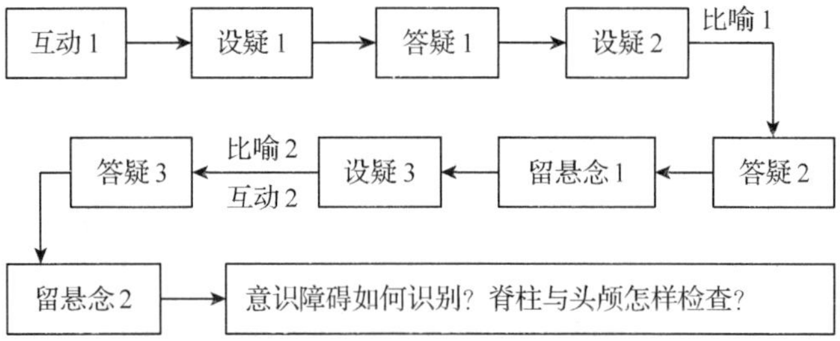
</td></tr>
<tr><td>互动</td><td>1. 泌尿系统的组成及其功能
2. 乳房炎的发生原因及危害</td></tr>
<tr><td colspan="2">教学后记</td><td></td></tr>
</table>

肾脏为成对的实质器官，位于脊柱两侧，腰椎横突下方，右肾较左肾靠前。

一、肾脏的检查

1. 肾脏的位置(表28-1)

表28-1　常见家畜的肾脏位置

动物种类	左肾	右肾
牛	悬垂于第3~5腰椎横突下方	第12肋间及第2~3腰椎的横突下方
马	最后肋骨及1~3腰椎横突下方	最后2~3肋骨及第一腰椎横突下方
羊	4~6腰椎横突下方	1~3腰椎横突下方
猪	第1~4腰椎横突下方	第1~4腰椎横突下方
犬	第2~4腰椎横突下方	第1~3腰椎横突下方

2. 肾脏的检查方法

(1)视诊　肾区疼痛见于肾炎。具体表现为腰脊僵硬、拱起，运步小心，后肢向前移动迟缓。

(2)触诊

① 外部触诊：敏感见于肾炎或其他肾损害性疾病。

② 直肠触诊：肾肿大、敏感见于急性肾炎、肾盂肾炎等；肾脏粗糙、肿大、坚硬见于肾硬化、肾肿瘤(菜花状)和肾盂结石等。

二、膀胱的检查

1. 膀胱过度充满

见于膀胱麻痹、膀胱括约肌痉挛、尿道结石等。

2. 膀胱空虚

见于肾源性无尿或膀胱破裂。

3. 膀胱压痛

见于急性膀胱炎和膀胱结石。

三、尿道的检查

公畜的尿道分为骨盆腔部分和坐骨曲部分。对于骨盆腔内部的部分，用直肠内部触诊。位于坐骨弓以下的部分，可进行外部触诊。

母畜的尿道开口于阴道前庭下壁，尿道短而宽，可用手指伸入阴道进行探诊，也可用导尿管进行探诊。

(1)尿道炎　在急性尿道炎时，表现频尿时，排尿痛苦，尿道外口肿胀，常有黏性脓性分泌物。慢性尿道炎，常有少量黏性分泌物。

(2)尿道结石　多见公牛、公羊、公猪。结石部位牛多在S弯曲以上部位，猪多在龟头的尖端。触诊时感觉膨大坚硬，并有痛感。

(3)公马尿道结石　常在坐骨切迹处，借助于导尿管的插入，确定结石阻塞部位。

四、公畜外生殖器的检查

公畜的外生殖器由阴囊、睾丸、精索、附睾和阴茎组成。主要的检查方法是视诊、触诊。检查时应注意其大小、形状、尿道口有无炎性肿胀、分泌物和新生物、赘生物等。

1. 阴囊

(1)阴鞘水肿　阴囊呈椭圆形肿大，表面光滑、无压痛感、指压留痕。

(2)阴囊疝　有腹痛症状，还纳可复。

2. 睾丸

(1)隐睾　可分为单侧隐睾和双侧隐睾。

(2)睾丸肿大　见于布氏杆菌病等。

3. 精索

精索硬肿为去势后的一种并发症，主要表现为精索断端有大小不一的坚硬肿块。

4. 包皮

肿胀发炎，见于包皮炎。

5. 阴茎

在外伤或局部炎症，常引起阴茎和龟头发炎肿胀或溃疡等，有时可见有菜花状赘生物，主要见于肿瘤。

五、母畜外生殖器的检查

母畜外生殖器由阴道、阴门组成。临床上常用视诊、触诊检查。必要时借助开殖器，扩张阴道，观察阴道黏膜的颜色、湿度、损伤及炎症等。

健康家畜阴道黏膜为淡红色、光滑、湿润、阴门周围无任何分泌物。当母畜发情时，可见阴道唇充血肿胀，阴道黏膜充血，并由子宫和阴道内流出无色或灰白、淡黄色透明黏液。

1. 阴门

(1)阴道和子宫脱出。

(2)外挂胎衣　见于胎衣不下。

2. 阴道

(1)黏膜颜色　正常为淡粉红色。

(2)阴道的宽窄度　子宫捻转时呈螺旋状皱褶。

3. 子宫

主要通过直肠触诊进行检查。

4. 乳房

(1)视诊　乳房的大小、形状及皮肤颜色等；乳汁的性状。

(2)触诊　温度、硬度、压痛反应等，以及乳房淋巴结的性状。

课后作业

一、填空题

1. 肾脏为成对的器官，位于脊柱两侧，腰椎横突下方，________较________靠前。

2. 公畜的尿道分为______部分和______部分，前者可进行直肠触诊，后者可进行外部触诊。

3. 尿道有“乙”状弯曲的动物是______、________和______，因此容易发生尿道结石。

二、选择题

1. 牛的左肾位于(　　)。

A. 第 3 ~5 腰椎横突下方

B. 最后肋骨及第 1 ~3 腰椎横突下方

C. 第 4 ~6 腰椎横突下方

D. 第 1 ~4 腰椎横突下方

2. 若触诊膀胱时发现膀胱异常空虚，见于(　　)。

A. 膀胱麻痹　B. 膀胱括约肌痉挛

C. 膀胱结石　D. 膀胱破裂

3. 进行阴道检查时发现阴道呈螺旋状皱褶，见于(　　)。

A. 阴道炎　B. 胎衣不下　C. 子宫捻转　D. 子宫脱出

4. 动物发生尿闭时，其肾脏功能(　　)。

A. 减退　B. 亢进　C. 正常　D. 阻塞

4. 如果皮肤和尿液中有尿臭味，其临床意义是(　　)。

A. 尿毒症　B. 尿结石

C. 膀胱麻痹　D. 有机磷中毒

5. 在对病牛进行视诊时，发现其腰背僵硬，拱起，运步小心，后肢向前移动缓慢，则该牛可能患有(　　)。

A. 膀胱炎　B. 肾炎　C. 子宫脓肿　D. 单瘫

6. 左、右肾完全对称的动物是(　　)。

A. 牛　B. 马　C. 犬　D. 猪

三、判断题

1. 大动物的膀胱主要通过直肠触诊的方法进行检查。(　　)

2. 隐睾是指先天性的睾丸缺乏。(　　)

3. 精索硬肿是公畜去势后的并发症。(　　)

4. 犬、猫绝育是有效预防生殖系统疾病的最佳方法。(　　)

四、问答题

如何通过触诊法来检查泌尿系统?

五、病例分析题

王女士饲养的一只3岁京巴狗，第三胎产下4只子犬，母子健康，产后14d早晨突然出现口吐白沫、四肢抽搐症状。主述昨晚在居室和狗窝周围喷洒蚊药，认定是灭蚊药中毒，请求抢救。

兽医依据临床症状和哺乳史认为不是中毒，应该是其他病，喷洒灭蚊药只不过是个巧合而已。最后，根据兽医的诊断进行相应的治疗，病犬很快痊愈。

(1)产后14d有什么诊断意义?

(2)口吐白沫、四肢抽搐有什么诊断意义?

(3)该犬可能患有什么病?

(4)如何甄别主人提供的诊断信息?

六、专业作文题

材料：

枯坐一日，未见病例。日近黄昏，来人，以为“上帝”，窃喜。然未见犬猫，只见一盆，端于手中，甚疑。近而视之，一龟伏于盆底，顿时愕然。

龟张口伸颈。据述，得之肺炎，治之不愈，请求诊疗。然于龟之构造一无所知，诊疗之法更是闻所未闻，故束手无策。

呜呼！兽医之博大，上诊飞禽，下治走兽，中顾爬行。我等之孤陋，着实汗颜。

兽医之大厦，仅窥一石基，何以整日沾沾自喜?

全科兽医实质上是所有动物所有分科的统称。名为全科兽医，实质上很多动物、很多疾病会让我们始料不及，汗颜无地。你是如何看待全科兽医的，请写出自己的真实想法和真实观点，字数不少于500字，题目自拟。

第29讲

神经系统的检查（之二）

兽医临床诊断学理论课教案

讲次		第29讲　神经系统的检查(之一)
教学内容		1. 意识障碍 2. 头颅和脊柱的检查
三条原则	设疑	1. 什么是精神兴奋？哪些疾病可以导致精神兴奋？ 2. 什么是精神抑制？哪些疾病可以导致精神抑制？ 3. 头颅与脊柱的形变可为我们提供哪些诊断依据？
	答疑	1. 以互动的方式予以解决 2. 以互动的方式予以解决 3. 简单介绍
	留悬念	1. 阅读兽医著作，几乎篇篇都能看到精神沉郁一词，如何理解精神沉郁？ 2. 哪些疾病可以导致颅内压升高？ 3. 运动功能如何检查？
三种方法	比喻	1. 以“脱缰的野马”喻精神兴奋的特征 2. 以“不怕开水烫的死猪”喻精神沉郁的特征 3. 以“脑子进水”喻脑室积水
	结构	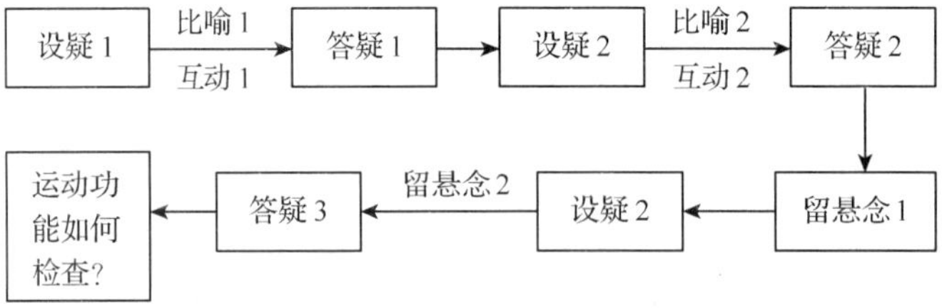
	互动	1. 精神兴奋的表现 2. 精神抑制的表现
教学后记		

神经系统在许多疾病中都有一定的应答性反应。一切疾病中的表现基本上都是源于神经系统的应答性反应。如肠痉挛时，肠蠕动增强，唾液分泌增多，腹泻，家畜还表现为痉挛性疼痛。

通过神经系统的检查，可使我们了解病畜的精神、行为、运动、感觉及各种反射等。

神经系统的检查主要包括中枢性机能状态的检查、头颅和脊柱的检查、运动机能的检查、感觉机能检查、反射活动的检查和植物神经的检查。

在检查时根据家畜的眼神，面部的表情，耳朵、尾、四肢、躯体的姿势和运动来进行判断。健康动物的姿势自然，动作协调，反应灵敏。病理情况下可表现为兴奋和抑制。

一、精神兴奋(excitement)

(1)表现　失控性，攻击性。

(2)临床意义　见于脑膜充血、脑膜炎、酮病、铅中毒、食盐中毒、狂犬病、中暑等。

二、精神抑制(depression)

1. 精神沉郁(dullness)

(1)表现　反应迟钝，离群呆立，头低耳耷，睁一眼闭一眼，盲目游走。

(2)临床意义　见于脑炎、脑水肿初期、麻醉苏醒期、某些中毒病的初期、发热病和代谢病。

2. 昏睡(spoor)

(1)表现　鼻唇抵槽而睡，轻度刺激无反应。

(2)临床意义　见于脑炎、颅内压升高的疾病。

3. 昏迷(coma)

(1)表现　肌肉松弛，反射消失，粪尿失禁。

(2)临床意义　见于脑炎、脑肿瘤、脑创伤、代谢性脑病等。

大脑、小脑和脊髓在颅腔和椎管中，不能进行直接检查，只能通过间接的方法来检查。

三、头颅的检查

(1)头颅局限性隆起　见于外伤、脑和颅壁的肿瘤。

(2)头颅异常增大　见于先天性脑室积水。

(3)颅骨变形　见于骨软病、佝偻病和纤维素性骨炎等。

(4)颅骨增温　见于热射病、脑充血、脑和脑膜的炎症。

(5)颅部压痛　见于外伤、炎症、肿瘤及多头蚴等。

(6)头盖部变软　见于多头蚴、颅壁肿瘤等。

(7)颅部浊音　见于脑肿瘤和多头蚴。

四、脊柱的检查

1. 视诊

注意脊柱有无变形、僵硬等变化。

(1)脊柱上弯　见于后肢发生轻瘫、麻痹。

(2)脊柱下弯　见于腰部创伤、挫伤、软骨病等。

(3)脊柱肿胀　见于外伤和骨折。

(4)脊柱僵硬　见于局部炎症、腰部脊髓挫伤等。

2. 触诊

脊柱疼痛：见于局部炎症、腰部脊髓挫伤等。

课后作业

一、名词解释

1. 精神兴奋　2. 精神沉郁　3. 精神抑制　4. 昏睡　5. 昏迷

二、填空题

1. 精神抑制以程度的轻重可分为__________、__________和__________。

2. 神经系统的检查主要包括中枢性机能的检查、头颅和脊柱的检查、____________、____________和________________。

三、选择题

1. 精神沉郁的具体表现是(　　)。

A. 反应迟钝，离群呆立，头低耳奁，睁一眼闭一眼

B. 鼻唇抵槽而睡，轻度刺激无反应

C. 肌肉松弛，反射消失，粪尿失禁

D. 行为失控，具有攻击性

2.“河马头”是头颅异常增大的一种表现，通常见于(　　)。

A. 骨软病　　B. 脑肿瘤　　C. 脑膜炎　　D. 血斑病

四、判断题

1. 羊患脑包虫时，颅部叩诊呈清音。(　　)

2. 颅内压升高的疾病易导致动物昏睡。(　　)

五、问答题

1. 动物兴奋的表现有哪些？

2. 动物精神抑制的具体表现有哪些？

六、病例分析题

【基本信息】萨摩耶犬，3月龄，雄性，体重6kg。

【发病情况】2009年7月30日，犬主王某带犬至宠物医院就诊。当时该犬体温41℃，四肢痉挛、呈划水样，可视黏膜发绀，呼吸急促，流涎，心音亢进，心率疾速。该犬中午在外面牵遛，回家不久发病，主人怀疑吃了毒鼠药的毒饵。遂按中毒病治疗，但半小时过后，症状并未缓解。

【深入问诊】进一步与犬主交流，得知该犬外出牵遛时一直带着嘴罩，根本不可能接触到毒物。另外得知，犬主骑自行车带犬跑了半小时左右。当时正值酷暑，时至中午。兽医突然想到了病因，遂按新的诊断治疗，病犬很快恢复如初。

(1)从该病例的诊疗过程来看，是否可以学到一些问诊技巧?

(2)嘴罩、酷暑、中午、跑步，可以为我们提供什么诊断信息?

(3)高体温的检查结果，与主人怀疑的原因是否相符?

(4)该犬所患何病?

七、专业作文题

在后续的兽医临床课程学习中，出现频率最高的词就是“精神沉郁”。什么样的表现是精神沉郁？什么样的疾病会导致精神沉郁？精神沉郁对疾病诊疗有何意义？请写一篇作文，回答上面3个问题，字数不少于500字，题目自拟。

第30讲

神经系统的检查（之二）

兽医临床诊断学理论课教案

<table>
<tr><td colspan="2">讲　次</td><td>第30讲　神经系统的检查(之二)</td></tr>
<tr><td colspan="2">教学内容</td><td>1. 运动功能的检查
2. 植物神经的检查</td></tr>
<tr><td rowspan="3">三条原则</td><td>设疑</td><td>1. 何为强迫运动？是谁强迫谁运动？
2. 何为共济失调？什么部位损伤易导致共济失调？
3. 何为痉挛？痉挛可分几类？</td></tr>
<tr><td>答疑</td><td>1. 重点理解“强迫”的内涵
2. 重点理解不同损伤部位对运动性失调的影响
3. 重点理解3种不同类型痉挛的实质性差异</td></tr>
<tr><td>留悬念</td><td>1. 不同类型运动型失调各具有什么样的特征？
2. 癫痫性痉挛与阵发性痉挛和强制性痉挛有何本质区别？
3. 胸腔及腹腔穿刺液如何检查？</td></tr>
<tr><td rowspan="3">三种方法</td><td>比喻</td><td>1. 以“人在江湖，身不由己”喻强迫运动
2. 以“组织中的叛徒”喻共济失调的原因
3. 以“触电”喻癫痫性痉挛</td></tr>
<tr><td>结构</td><td>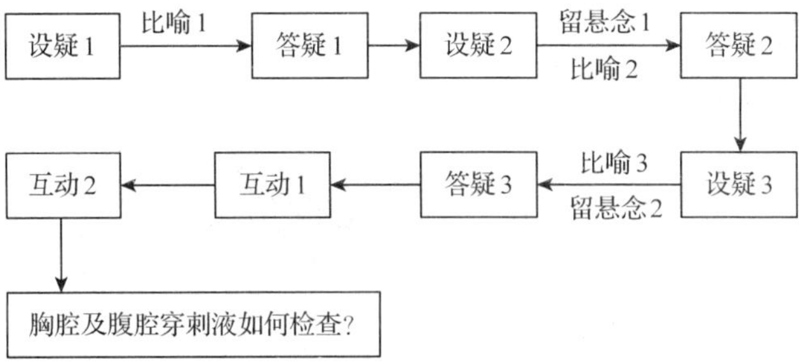
</td></tr>
<tr><td>互动</td><td>1. 瘫痪的类型
2. 植物性神经的分类和功能</td></tr>
<tr><td colspan="2">教学后记</td><td></td></tr>
</table>

健康动物的运动，受大脑皮层的控制，在小脑的配合下由运动中枢的传导神经及外周神经共同完成。运动协调而一致，有一定的次序，这种严格的配合称为协调运动或共济运动。

运动除神经协调作用外，还有肌肉、骨骼及关节的协调运动，如骨、关节、肌肉发生病变，同样发生运动障碍。

当运动中枢及传导神经发生损伤时，更容易产生各种形式的运动障碍。

对于运动机能检查，临床上主要注意强迫运动、共济失调、痉挛和瘫痪等方面的检查。

一、强迫运动(forced movement)

1. 回转运动(circular movement)

(1)特征　呈圆圈运动或时针运动。

(2)临床意义　见于犬瘟热后遗症、脑包虫及李氏杆菌感染等。

2. 盲目运动(stray movement)

(1)特征　无目的的徘徊。

(2)临床意义　见于铅中毒等。

3. 暴进暴退(going ahead and walking backwards)

(1)特征　低头狂进，仰头后撤。

(2)临床意义　见于疯牛病和流行性脑脊髓炎等。

4. 滚转运动(rolling movement)

(1)特征　强卧一侧或打滚。

(2)临床意义　见于马、骡的腹痛病等。

二、共济失调

1. 静止性失调(static ataxia)

(1)特征　站立不稳似酒醉。

(2)临床意义　见于小脑、小脑脚、前庭神经或迷走神经受损。

2. 运动性失调(motor ataxia)

特征：站时稳当走时摇。

临床意义：见于大脑皮层、小脑、前庭或脊髓受损伤等。

(1)脊髓性失调　运步时左右摇晃，但头不弯斜。主要是由于脊髓背侧根损伤，肌、腱、关节的深感觉感受器所发生的冲动，不能由背根入脊髓，或不能沿脊髓上行到延髓而上传至丘脑，使肌肉运动失去中枢的精确调节所致。

(2)前庭性失调　动物头颈屈曲及平衡遭受破坏，头向患侧歪斜，常伴发眼球震颤，遮闭其眼时失调加重。主要是迷路、前庭神经或前庭核损伤，进而波及中脑脑桥的动眼神经、滑车神经核的结果。常见于家禽，如B族维生素缺乏症、慢性新城疫等。

(3)小脑性失调　多发生于大动物。不仅呈现静止性失调，而且呈现运动性失调，只当整个身体依附在固定物或游泳在水中时，运动障碍才消失。此种失调不伴有眼球震颤，也不因为遮眼而加重。

(4)大脑性失调　虽能直线进行，但身躯向健侧偏斜，甚至在转弯时跌倒。见于大脑皮层的颞叶和额叶受损时。

三、痉挛(spasm)

痉挛是指肌肉的不随意性收缩。

1. 阵发性痉挛(clonic spasm)

(1)特征　单个肌群发起短暂、迅速、一个跟着一个重复的收缩，突然发作突然停止。

(2)原因　大脑、小脑、延髓或外周神经遭受侵害。

(3)临床意义　见于病毒或细菌感染性脑炎，化学物质、植物及毒素中毒，低血钙和青草搐搦等代谢性疾病。

(4)相关基本概念

① 惊厥或搐搦(convulsion or fits)：波及全身的强烈性阵发性痉挛。

② 震颤(tremor)：临床上由于相互拮抗的快速、有节律、交替而不太强的收缩所产生的颤抖现象。

③ 纤维性震颤(fibrillary twitching)：单个肌纤维束的轻微收缩，而不波及整个肌肉，不产生运动效应的轻微性痉挛。

2. 强直性痉挛(tonic spasm)

(1)特征　肌肉长时间均等收缩。

(2)原因　大脑皮层功能受抑制，基底神经节受损，或脑干和脊髓的低级运动中枢受刺激。

(3)临床意义　见于脑炎、士的宁中毒及酮病等。

(4)相关基本概念

① 强直(tetany)：全身肌肉均发生痉挛。

② 挛缩(contracture)：局限于一定肌群的强直性痉挛。

3. 癫痫性痉挛(epileptiform spasm)

(1)特征　强直—阵发性痉挛，同时感觉和意识丧失。

(2)原因　脑神经兴奋性升高，引起异常放电。

(3)临床意义　见于脑炎、尿毒症、仔猪维生素A缺乏、仔猪副伤寒等。

四、瘫痪(paralysis)

瘫痪是指动物骨骼肌的随意运动性减弱，也称为麻痹。

(1)根据神经系统损伤的解剖部位分类　中枢性瘫痪(central paralysis)和外周性瘫痪(peripheral paralysis)(表 30-1)。

表 30-1　中枢性瘫痪和外周性瘫痪的区别

	中枢性瘫痪	外周性瘫痪
肌肉张力	增高、痉挛性	降低、弛张性
肌肉萎缩	缓慢、不明显	迅速、明显
腱反射	亢进	减弱或消失
皮肤反射	减弱或消失	减弱或消失

(2)根据致病原因分类　器质性瘫痪(organic paralysis)和机能性瘫痪(functional paralysis)。

(3)按瘫痪程度分类　完全瘫痪和不完全瘫痪。

(4)按肢体发生的部位分类　单瘫(monoplegia)、双瘫(diplegia)、偏瘫(hemiplegia)、截瘫(hemiplegia)。

附：植物神经的检查(自学)

表 30-2　交感神经和副交感神经紧张性亢进的表现比较

器官	交感神经紧张性亢进	副交感神经紧张性亢进
心血管系统	心搏加快；腹腔器官及皮肤血管收缩，血压升高	心搏减慢、收缩减弱；血管舒张，血压减低
呼吸系统	支气管平滑肌扩张，黏液分泌减少	支气管平滑肌收缩，黏液分泌增加
消化系统	唾液黏稠，口腔干燥；胃肠道蠕动减慢，分泌减少，出现弛缓性便秘	唾液稀薄，分泌增多，流涎；胃肠道蠕动加快，分泌增多，出现腹泻、嗳气、恶心等
泌尿生殖系统	肾血管收缩，泌尿减少；逼尿肌舒张	逼尿肌收缩，膀胱内括约肌舒张，排空加强
其他		瞳孔缩小；促进泪腺分泌，促进胰岛素分泌

课后作业

一、名词解释

1. 阵发性痉挛　2. 强直性痉挛　3. 癫痫性痉挛　4. 瘫痪　5. 阵发性痉挛　6. 静止性失调　7. 运动性失调　8. 脊髓性失调　9. 前庭性失调　10. 大脑性失调　11. 小脑性失调　12. 惊厥　13. 搐搦　14. 震颤　15. 器质性瘫痪　16. 机能性瘫痪　17. 中枢性瘫痪

18. 外周性瘫痪　19. 截瘫　20. 双瘫

二、填空题

1. 运动性失调可分为＿＿＿＿＿＿、＿＿＿＿＿、＿＿＿＿＿和大脑性失调。

2. 强迫运动在临床上可分为＿＿＿＿、＿＿＿＿、＿＿＿＿和滚转运动。

3. 脊髓性失调，头＿＿＿＿歪斜；前庭性失调，头向＿＿＿＿歪斜；大脑性失调，头向＿＿＿＿歪斜。

三、选择题

1. 癫痫性痉挛与阵发性痉挛和强直性痉挛的不同之处在于(　　)。

A. 突然发作，突然停止　　B. 肌肉长时间均等收缩
C. 多个肌群同时收缩　　D. 感觉和意识同时丧失

2. 根据神经系统损伤的解剖部位可将瘫痪分为(　　)。

A. 中枢性瘫痪和外周性瘫痪　　B. 器质性瘫痪和机能性瘫痪
C. 完全瘫痪和不完全瘫痪　　D. 单瘫和双瘫

3. 鸡维生素 B_1 缺乏时会出现“观星状”，这种症状属于(　　)。

A. 脊髓性失调　　B. 前庭性失调
C. 小脑性失调　　D. 大脑性失调

4. 既表现为静止性失调，又表现为运动性失调的是(　　)。

A. 脊髓性失调　　B. 前庭性失调
C. 小脑性失调　　D. 大脑性失调

四、判断题

1. 中枢性瘫痪时肌肉的张力增高。(　　)

2. 偏瘫是指动物的后躯瘫痪。(　　)

3. 滚转运动主要见于马、骡的腹痛病。(　　)

4. 静止性失调是指站立时稳当，运动时不稳。(　　)

5. 转圈运动和时针运动因都属于回转运动，因此是同一种病理现象。(　　)

6. 回转运动与滚转运动是完全不同的两种强迫运动方式。(　　)

五、问答题

1. 脊髓性失调、前庭性失调、大脑性失调和小脑性失调如何鉴别?

2. 交感神经紧张亢进时，对其检查可得到哪些症状资料?

3. 副交感神经紧张性亢进时，对其检查可得到哪些症状资料?

六、病例分析题

【基本信息】杜宾犬，3 月龄龄，雄性，体重 3.5kg。

【主诉】犬主龙某在外市宠物交易市场购得该犬，将犬放置于轿车后备箱中经100多千米行程至本市，在到达自家小区楼下后打开后备箱，看到有大量犬的呕吐物和腹泻的粪便，便直接带至动物诊所就诊。

【临床检查】流涎，腹泻，长蠕动音增强，心率150次/min，心音亢进，可视黏膜潮红，体温39.7℃。

【实验室检查】犬瘟热抗原检测阴性，细小病毒抗原检测阴性，冠状病毒抗原检测阴性，粪便虫卵检测阴性。血常规检查，各项指标正常。初步诊断为肠炎。

【病情进展】进行止吐、止泻、抗菌等治疗后，第二天状态好转。能够主动进食，但在复诊的路上又在车上发生呕吐，医生见病情并未恶化，继续按照前一天处方用药。第三天来复诊时，主诉在家无异常，但在车上又发生呕吐。

(1)根据“车上有病，车下无病”的疾病特征，该犬可能患有何种疾病?

(2)这种疾病应该用什么药来治疗和预防?

(3)该病例可以给我们什么启示?

七、专业作文题

请用文学的语言描述大脑性失调、小脑性失调、前庭性失调和脊髓性失调的临床表现，要求生动、形象、通俗，不少于500字，题目自拟。

第31讲

胸、腹腔穿刺液及肝、肾功能的检查

兽医临床诊断学理论课教案

<table>
<tr><td colspan="2">讲　次</td><td>第 31 讲　胸、腹腔穿刺液及肝、肾功能的检查</td></tr>
<tr><td colspan="2">教学内容</td><td>1. 胸、腹腔穿刺液的检查
2. 肝、肾功能的检查</td></tr>
<tr><td rowspan="3">三条原则</td><td>设疑</td><td>1. 胸腔和腹腔的穿刺液如何采集？
2. 漏出液如何“漏出”？渗出液如何“渗出”？
3. 肝、肾功能的检查指标包含哪些？</td></tr>
<tr><td>答疑</td><td>1. 利用图片进行讲解
2. 从词义出发进行比较，最后列表比较
3. 结合临床化验单，重点介绍各指标的原理及临床意义</td></tr>
<tr><td>留悬念</td><td>1. 漏出液与渗出液的本质区别在哪里？
2. 肝、肾功能是否可以通过特殊方法进行检查？
3. 如何建立诊断？</td></tr>
<tr><td rowspan="3">三种方法</td><td>比喻</td><td>1. 以“这里的水很深”喻胸、腹腔穿刺液
2. 以“解毒专家”喻肝脏的功能
3. 以“排毒专家”喻肾脏的功能</td></tr>
<tr><td>结构</td><td>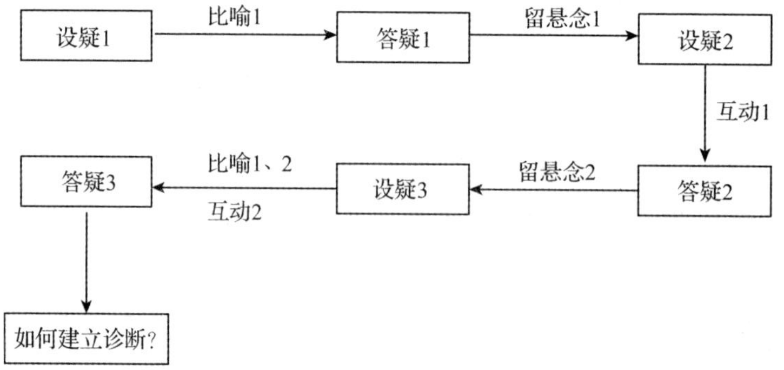
</td></tr>
<tr><td>互动</td><td>1. 炎性渗出液的成分会发生的改变
2. 反映肝、肾功能的指标</td></tr>
<tr><td colspan="2">教学后记</td><td></td></tr>
</table>

健康动物浆膜腔如胸膜腔、腹膜腔、心包腔等，在正常情况下只有少量液体在腔内起润滑作用，很少能被抽取。但在病理情况下，则有多量液体潴留，形成积液。根据积液产生的原因及性状，可将浆膜腔积液分成渗出液和漏出液两大类。

一、穿刺液的采集

积液标本应根据临床需要选择腹腔穿刺术、胸腔穿刺术或心包穿刺术进行采集。穿刺成功后，记录标本量，并留取中段液体于无菌容器内，并标示检查项目、被检动物名称和编号。一般情况下，一般性检查、细胞学检查和化学检查各留取 2mL；细菌学检查留取 1mL。为防止凝固，化学、免疫学和微生物学检查宜采用肝素抗凝；一般性状检查和细胞学检查宜加入 100g/L EDTA－K2 抗凝；还应留取 1 管不加任何抗凝剂的积液标本，用于观察积液的凝固性。标本采集后最好在 1h 内送检。若不能及时送检，应加入标本量 1/10 的无水乙醇或 40% 甲醛固定细胞并置冰箱冷藏保存。

二、穿刺液的分类

1. 漏出液

(1) 概念　又称滤出液，是由于各种理化因素刺激产生的非炎性积液。

(2) 形成原因及临床意义

① 原因：血浆蛋白减少引起的胶体渗透压降低。

临床意义：见于肝硬化、肾病综合征、高度营养不良。

② 原因：毛细血管内压增高。

临床意义：见于慢性心力衰竭。

③ 原因：淋巴管阻塞。

临床意义：见于肿瘤压迫或丝虫引起的淋巴液回流受阻。

④ 原因：毛细血管通透性增加。

临床意义：见于维生素缺乏、高热、中毒、缺氧等。

⑤ 原因：血中盐类成分的变化。

临床意义：见于钠潴留。

2. 渗出液

(1) 概念　为炎性积液，大多由细菌感染引起。

(2) 临床意义　见于结核性胸膜炎、腹膜炎等，也见于外伤、恶性肿瘤、寄生虫感染、化学刺激等。

三、穿刺液的鉴别（表31-1）

表31-1 漏出液和渗出液的区别

鉴别要点	漏出液	渗出液
外观	淡黄色、清晰、透明	浑浊，可为血性、脓性、乳糜性
相对密度	<0.018	>0.018
凝固性	不易凝固	易凝固
总蛋白含量	<25g/L	>30g/L
葡萄糖含量	与血糖相似	常低于血糖水平
乳酸脱氢酶	活性与血清中的相似	活性比血清中高
红细胞计数	$<0.1\times10^9$ 个/L	$>0.5\times10^9$ 个/L
细胞分类	以淋巴细胞、间皮细胞为主	以中性粒细胞或淋巴细胞为主
细菌检查	阴性	阳性

四、具体病因

1. 脓性渗出液

黄色浑浊，含有大量脓细胞和细菌。常见于葡萄球菌、链球菌、大肠埃希氏菌、铜绿假单胞菌和放线菌等感染。由化脓性细菌、肺炎链球菌引起的渗出液色深、黏稠；链球菌性渗出液多稀薄，呈淡黄色；放线菌性渗出液呈黄色或黄绿色、黏稠、恶臭，可找到特有的菌块；铜绿假单胞菌渗出液可呈蓝白色。

2. 浆液性渗出液

黄色，半透明状黏稠液体，蛋白质含量为30～50g/L，细胞数为$(200\sim500)\times10^6$个/L。常见于结核性、化脓性积液，也见于风湿性积液、结缔组织病和肿瘤浆膜转移。

3. 血性渗出液

积液呈不同程度的红色。常见于外伤、恶性肿瘤、结核及肺梗死等。肿瘤性血性积液抽取后很快凝固，涂片可找到肿瘤细胞，结核性血性积液凝固较慢。积液为果酱色提示阿米巴感染，应涂片查找阿米巴滋养体，积液呈不均匀血性或混有小凝块，提示为创伤引起。

4. 乳糜性渗出液

积液中脂肪浓度大于4.0g/L时，可呈乳白色浑浊，常为丝虫病，纵膈肿瘤或淋巴结核、外伤等所致胸导管阻塞、破裂或受压引起。当积液中含有大量脂肪变性细胞时，因所含胆固醇、卵磷脂增高，也可呈乳糜样（假性乳糜渗出液），见于慢性胸、腹腔化脓性感染。

5. 纤维性渗出液

积液中含有大量纤维蛋白（原），可分为浆液纤维性和脓性纤维性积液，前者见于系统性红斑狼疮，后者见于各种化脓性感染并出现大量纤维蛋白。

6. 胆固醇性渗出液

积液呈黄白色或黄褐色，浑浊，常混有浮动的鳞片状、带有光泽且折光性强的结晶，静置后结晶沉积于管底。镜检可见到胆固醇结晶，与结合杆菌感染有关，多见于积液长期潴留。

7. 胆汁性渗出液

积液呈黄绿褐色，胆红素检测阳性，提示腹腔与胆道系统相通，见于胆汁性腹膜炎所致腹腔积液。

8. 腐败性渗出液

积液褐色或绿色，呈腐败臭味，多因肺脓肿破溃到胸腔所致，可找到腐败菌。

五、肝功能测定

肝功能检查主要包括胆色素代谢检查、蛋白质代谢检查、血清中肝特异性酶活性检查及肝排泄功能检查。肝功能检查主要有如下目的：

① 协助诊断动物是否患有肝病，判断动物肝病的严重程度及预后。

② 辅助鉴别诊断黄疸，确定黄疸类型及其治疗方案。

③ 检测全身性疾病，如传染病、寄生虫病，心、肾、胃、肠病及代谢性疾病的损害和影响。

④ 了解某些毒物、药物、物理因子等对肝的损害。

⑤ 了解某些肝胆疾病的发展和恢复情况。

1. 血清胆红素测定

(1)原理　血清中的胆红素可分为结合胆红素和游离胆红素两种。结合胆红素是指经过肝脏处理而与葡萄糖醛酸结合的胆红素葡萄糖醛酸酯。此种胆红素可溶于水，能立即与重氮试剂作用产生红色的偶氮胆红素，故称为直接胆红素。游离胆红素是指未经肝脏处理而游离的胆红素，是脂溶性的，当与重氮试剂接触时不立即显红色，必须加入甲醇或乙醇或苯甲酸钠后才能溶解而显红色，故又称为间接胆红素。

(2)方法　可采用目测比色法、改良 J－G 法和自动生化分析仪测定。

(3)临床意义　根据胆色素障碍的发生机制，黄疸主要分为 3 种类型(表 31-2)：

① 肝细胞性黄疸：肝实质病变时，对胆红素的摄取、结合和排泄均可发生障碍，由于肝细胞坏死和脱落细胞堵塞小胆管等原因，使

胆红素返流入血，血中直接胆红素增加，因可通过肾小球滤过膜，尿中可排出胆红素。但由于肝细胞处理游离胆红素及尿胆原的能力下降，故血中间接胆红素及尿胆原均增加，尿中尿胆原大量增加，而粪胆素减少。

② 阻塞性黄疸：由于各种原因，使胆管内胆汁外流受阻，胆红素可返流入血中，使直接胆红素大量增加，尿中出现胆红素。因很少或无胆红素分泌入肠，故粪便中粪胆原和尿中的尿胆原均显著减少，甚至呈阴性。

③ 溶血性黄疸：由于红细胞大量破坏，释放出血红蛋白，形成游离胆红素过多，超过了肝的处理能力，致使大量游离胆红素滞留于血中。游离胆红素溶解度低，不能透过肾小球滤过膜，故尿中无胆红素。同时，因游离胆红素大量增加，尿胆原的形成也增加，而肝脏重新利用尿胆原的能力有限，故尿中常含有大量尿胆原，粪胆素也增加。

表 31-2　3 种类型黄疸的鉴别

指标	检样	健康	阻塞性黄疸	肝细胞性黄疸	溶血性黄疸
血红蛋白	血	+ + +	+ + +	+ + +	+ + + +
	尿	−	−	−	+ + + +
间接胆红素	血清	+	+	+ + +	+ + + +
直接胆红素	粪便	−	−	+	+ 或 −
	血清	−	+ + + +	+ + +	−
	尿	−	+ + + +	+ + + +	−
尿胆原	粪便	+ +	−	+	+ + + +
	血清	+	−	+ + + +	+ + + +
	尿	+	−	+ + + +	+ + + +
粪胆素	粪便	+	−	+	+ + + +

2. 血清总蛋白、清蛋白和球蛋白的测定

(1)原理　血清中的清蛋白、部分球蛋白、结合珠蛋白、纤维蛋白原、凝血酶原和其他凝血因子等，均由肝脏合成，γ -球蛋白主要来源于浆细胞。肝细胞还能将糖和脂肪转变为某些氨基酸，为进一步合成蛋白质提供原料。当肝细胞病变时，合成各种蛋白质的能力下降，可使血浆蛋白质发生质与量的改变，其主要表现为清蛋白、纤维蛋白原减少，球蛋白增多等。故患肝病时常需检查血浆蛋白质的变化。

(2)方法　采用双缩脲法进行检测。

(3)临床意义

① 血清总蛋白：升高见于休克、脱水和某些肿瘤。降低主要见于肝脏疾病，此外，肠道吸收不良、烧伤、创伤、引流、肾脏疾病、糖异生等引起清蛋白分解过多的疾病，均可使血清总蛋白减少。

② 血清蛋白：升高少见，主要见于急性脱水和休克。降低见于肝炎、肝硬化、饥饿、营养不良、慢性胃肠道疾病、持续性发热、糖尿病、创伤、肾炎、肾病、某些寄生虫感染和严重腹水等。

③ 血清球蛋白：升高见于慢性肝炎、肝硬化、多克隆 γ-球蛋白病和单克隆 γ-球蛋白病等。降低见于饲喂初乳不足、幼驹综合免疫缺陷性疾病和 γ-球蛋白缺乏症等。

④ A/G 比值：显著下降提示肝功能损伤严重。

3. 丙氨酸转氨酶(ALT)和天冬氨酸转氨酶(AST)测定

(1)原理　ALT 主要分布在肝脏，其次是骨骼肌、肾脏、心肌等组织。AST 主要分布在心肌，其次在肝脏、骨骼肌、肾脏等组织中。由此可见，ALT 和 AST 均为非特异性细胞内功能酶，正常时血清中含量很低，但当上述组织细胞数受损时，细胞膜通透性增加，胞浆内的 ALT 和 AST 释放进入血浆，导致酶活性升高。

(2)方法　可采用分光光度法等。

(3)临床意义　ALT 活性增高对犬和猫肝脏疾病具有重要诊断意义，见于各型肝炎、肝硬化、胆管疾病和其他原因引起的肝损伤，也可见于严重的贫血、砷中毒、鸡脂肪肝和肾综合征等疾病过程。

AST 升高见于奶牛产后瘫痪、黄曲霉毒素中毒、四氯化碳中毒、肌营养不良、白肌病、肝外胆管阻塞、肝片吸虫病和高脂血症等。

4. 碱性磷酸酶(ALP)

(1)原理　ALP 主要分布在肝脏、骨骼、肾脏、小肠及胎盘中，血清中以游离形式存在，大部分来自肝脏和骨骼，常可作为肝脏疾病的检查指标之一。一般认为，幼龄动物血清 ALP 主要来自于骨骼，而成年动物主要来源于肝脏。

(2)方法　可采用 β-甘油磷酸法、磷酸苯二钠法和磷酸对硝基酚法。

(3)临床意义

① 肝脏发生疾病时 ALP 活性会升高。胆汁淤积性黄疸，ALP 活性和血清胆红素明显升高，氨基转移酶轻度升高；而肝细胞性黄疸，氨基转移酶活性很高，血清胆红素中等升高，ALP 活性正常或稍升高。

② 发生骨骼疾病时，血清 ALP 明显升高。

5. γ-谷氨酰转移酶(GGT)

(1)原理　GGT 主要存在于细胞膜和微粒体上，参与谷胱甘肽的代谢，肾脏、肝脏和胰腺含量丰富。血清中的 GGT 主要来自肝脏系统，在肝脏中广泛分布于肝细胞的毛细胆管和整个胆管系统，当肝脏合成亢进或胆汁排出受阻时，血清中 GGT 活性升高。

(2)方法　采用 α-萘胺重氮试剂显色法。

(3)临床意义　升高见于胆汁淤积、肝片吸虫病和急性肝坏死等。

六、肾功能检查

肾脏功能发生障碍，直接影响家畜体内代谢最终产物的清除。这不仅会使尿液的数量及其含有的化学成分有所改变，而且也会引起血液成分的改变，因此，在进行肾脏功能检查时，必须注意这些成分的异常变化。

分析肾脏肝功能的检查结果，应当结合病畜的临床症状及其有关的血、尿化验数据，进行综合分析方可提高诊断效率。

判断肾脏状态时，还应当注意引起少尿、无尿的其他因素，如尿结石、膀胱破裂、脱水、心脏功能不全及血流动力学的改变等，对于尿液的数量和成分都有影响。

- 肾功能检查
  - 肾小球滤过功能试验
    - 肌酐廓清率测定
    - 血尿素测定
    - 血清肌酐测定
    - 血清尿酸测定
    - 靛卡红排泄试验
  - 肾小管功能试验
    - 酚红排泄试验
    - 尿浓缩稀释试验

1. 肌酐廓清率试验

(1)原理　血液肌酐有两个来源：一是体内肌酸的代谢产物，其生成恒定，不受饲料中蛋白质含量的影响；二是由肠腔吸收来的外源性肌酐。草食动物的饲料中外源性的肌酐含量很少。体内的肌酐由肾小球滤过，肾小管不重吸收且排泄很少，而血清(浆)肌酐浓度甚为稳定。内生肌酐清除试验反映肾小球滤过功能。

(2)方法　可采用比色法或速率法。

(3)临床意义　降低见于急性或慢性肾小球肾炎，但在氮质血症时，可出现假性增高的现象。

2. 血尿素测定

(1)原理　尿素在肝脏内合成后，通过血循环送至肾脏，经肾小球滤过，肾小管重吸收一部分，大部分经尿排泄，当肾小球滤过功能降低时血中尿素增高，所以血尿素能反映肾小球滤过功能。

(2)方法　可采用化学或酶反应比色法、酶偶联紫外吸收光度法。

(3)临床意义　增高可见于：

① 肾前性：消化道大出血、休克、严重脱水、严重创伤、心功能不全、高蛋白饮食、糖尿病酸中毒和急性传染病。

② 肾性：急性肾小球肾炎、慢性肾盂肾炎、肾病晚期、肾功能衰竭及中毒性肾炎等。

③ 肾后性：前列腺肥大、尿路梗阻等。

减低比较少见，如蛋白质摄入不足、严重肝功能障碍、妊娠、尿崩症等。

3. 血清肌酐测定

(1)原理　血液中肌酐极少来源于食物，主要来源于体内肌肉组织。肌酐是肌酸的代谢产物，经肾小球滤过，不受肾小管重吸收，肾小球排泄很少，故基本上可以代表肾小球率过滤。由于肌酐清除较尿素快，故在血中肌酐含量有它的临床价值。

(2)方法　可采用比色法和速率法。

(3)临床意义

① 增高见于中毒及严重的肾损害。

② 若血肌酐与尿素同时测定时两者同时升高，说明肾功能严重损害。

4. 血清尿酸测定

(1)原理　血尿酸来源于体内核酸中嘌呤分解代谢的最终产物（约占 80%）和食物中核蛋白分解代谢产物，血中尿酸少部分经肝脏分解破坏，大部分经肾小球率过后，约有 90% 再由肾小管重吸收，所以尿酸清除率很低。嘌呤代谢紊乱或肾脏排泄功能下降时，血尿酸则增高。肾脏排泄尿酸比肌酐困难，所以在肾脏病早期时血尿酸浓度首先增高，有利于早期诊断。

(2)方法　可采用比色法或酶偶联比色法。

(3)临床意义　增高见于：

① 家禽痛风，其他的肾功能减退，如急性与慢性肾炎、肾结核、肾盂肾炎、肾积水等。

② 核酸代谢增强的疾病，如白血病、多发性骨髓瘤、真性红细胞增多症、溶血性贫血等。

③ 其他疾病，如氯仿、四氯化碳、铅中毒等；或在进食富含嘌呤的食物，如动物的肝、肾和贝类等外源性摄入而致。

降低见于黄嘌呤尿、恶性贫血复发期等。

5. 靛卡红排泄试验

(1)原理　靛卡红和酚红一样，也是一种无毒、无刺激、在体内不起变化的燃料，经肌肉或皮下注射入体内后，能迅速从肾小球滤过，随尿排出体外，观察其排出的速度，可了解肾小球滤过机能。

(2)方法　可采用目视比色法。

(3)参考值　健康动物在15min时所导出的尿液呈黄绿色，3～4h呈暗绿色。

(4)临床意义　若动物1h后尿中才出现黄绿色，为色素排泄延迟，见于肾小球肾炎。

6. 酚红排泄试验

(1)原理　酚红是一种无毒、无刺激、在体内不起变化的燃料，经静脉注入体内后，一小部分由肝脏清除及经肾小球过滤外，大部分经肾小管排泄。

(2)方法

① 试验前一日及当日不能使用酚酞、磺溴酞钠(BSP)、青霉素、阿司匹林、利尿剂、大黄及静脉注射造影剂等药物。

② 注射酚红前应先导尿，使膀胱排空，将此尿液作为对照用。

③ 静脉注射6g/L酚红注射液，马、牛各20mL，犬、猫1～5mL，记录注射时间

④ 注射后15min、30min、1h、2h分别导尿一次，共4次，每次均要求排尽尿液，记录各次尿量，并加蒸馏水至1L。并与标准管进行比较。

(3)参考值　健康动物在15min时，酚红排泄量为25%以上，120min大于55%。

(4)临床意义　肾小管机能降低时，15min酚红排泄量低于12%，120min时低于50%。

① 降低主要见于慢性肾炎、肾小管肾病、肾动脉硬化症以及引起肾脏血液灌流不足的疾病(如休克、脱水或心血管疾病等)。

② 增高见于甲状腺功能亢进、某些肝脏病、血浆蛋白降低症等。

7. 尿浓缩稀释试验

(1)原理　通过对动物2d中尿液的量和密度对比，观察相互关系以了解肾浓缩功能是否正常。但是，对于尿毒症、体质虚弱和脱水的病例，不宜进行这项试验。

(2)方法

① 给被测家畜装上集尿袋采集尿液。

② 试验第1天按常规给家畜饲喂和饮水，收集24h各次尿液，分别记录各次尿量和密度。

③ 试验第2天给草料不给水。收集24h各次的尿液，分别记录尿量和密度。

④ 将第1天和第2天各次的尿量和密度相比较。

(3)参考值　健康动物第2天的排尿次数比第1天减少，而密度

明显增大。病理情况下，可见尿量减少，而密度并不增大。

(4)临床意义　尿浓缩能力下降见于肾小管和脑垂体疾病，以及高血压病在肾功能失代偿期。

课后作业

一、名词解释

1. 渗出液　2. 漏出液　3. 肝功能检查　4. 肾功能检查

二、填空题

1. 漏出液形成的原因有__________、__________、__________和毛细血管通透性增加。

2. 渗出液可由________、________、________化学物质刺激等引起。

3. 肝功能检查主要包括__________代谢检查、__________代谢检查、__________活性检查和肝排泄功能检查。

4. 可溶于水的胆红素为__________，不溶于水的胆红素为__________。

5. 肝细胞性黄疸发生时，血液中的直接胆红素________，尿中尿胆原________，而粪胆原________。

6. 肝脏酶学检查，最常检测的两个酶是__________和__________。

7. 幼龄动物碱性磷酸酶(ALP)主要来源于________，而成年动物主要来源于________。

8. 血尿素增高，说明肾小球滤过能力________；而血尿素降低，说明肾小球滤过能力________。

9. 注射靛卡红后，动物 1h 后排出的尿液呈黄绿色，为色素排泄________，见于________。

三、选择题

1. 渗出液形成的原因是(　　)。

A. 血浆蛋白减少　　B. 淋巴管阻塞

C. 毛细血管通透性增加　　D. 细菌感染

2. 高度营养不良可以引起漏出液，其原因是(　　)。

A. 血浆蛋白减少　　B. 毛细血管内压力增高

C. 淋巴管阻塞　　D. 毛细血管通透性增加

3. 阻塞性黄疸发生时(　　)。

A. 尿胆原大量增加，粪胆原减少

B. 尿胆原和粪胆原均显著减少，甚至呈阴性

C. 尿胆原和粪胆原均大量增加

D. 尿胆原较少，粪胆原大量增加

4. A/G 比值显著下降见于(　　)。

A. 肝脏功能严重损伤　　B. 肾脏功能严重损伤

C. 心脏功能严重损伤　　D. 脾脏功能严重损伤

5. ALP 活性明显升高，见于(　　)

A. 肾脏疾病或骨骼疾病　　B. 肾脏疾病或肝脏疾病

C. 小肠疾病或肝脏疾病　　D. 肝脏疾病或骨骼疾病

6. 下列检测项目，哪一个属于肾小管功能试验？(　　)

A. 肌酐廓清率测定和血尿素测定

B. 血清肌酐测定和血清尿酸测定

C. 靛卡红排泄试验

D. 酚红排泄试验和尿浓缩稀释试验

四、判断题

1. 漏出液易凝固而渗出液不易凝固。(　　)

2. 渗出液的外观特征为淡黄色、清晰、透明。(　　)

3. 渗出液为炎性积液。(　　)

4. 慢性心力衰竭会导致胸腔积液，此处的积液应为渗出液。(　　)

5. 漏出液中的蛋白含量要低于渗出液中的蛋白含量。(　　)

6. 总蛋白、白蛋白、丙氨酸转氨酶、天冬氨酸转氨酶、碱性磷酸酶和肌酐都是肝功能检查的重要指标。(　　)

7. 氮质血症时，肌酐廓清率一定增高。(　　)

8. 肾小球滤过功能增强时，血尿素增高。(　　)

9. 血尿素与血肌酐均增高，说明肾脏受到严重损害。(　　)

10. 血肌酐一方面反映肾小球的滤过能力，另一方面反映肾小管的重吸收能力。(　　)

11. 肾脏排泄尿酸比肌酐困难，所以在肾脏疾病早期时血尿酸浓度首先升高，这一特征有利于肾脏疾病的早期诊断。(　　)

12. 酚红排泄降低主要见于肾脏疾病，酚红排泄增高主要见于肾脏以外的疾病。(　　)

13. 尿浓缩能力下降见于肾小管和脑垂体疾病，以及高血压在肾功能失代偿期。(　　)

五、问答题

1. 简述渗出液和漏出液的区别。

2. 肝功能检查的目的是什么？

六、病例分析题

【基本信息】西高地白梗，5 月龄，雄性，未绝育，体重 3.1kg。

【病史】病犬每天呕吐一次胆汁，偶尔突出消化过的食物，症状已持续 4 周。入院 2 周前曾发作癫痫，出现吠叫，并沿房间奔跑，接着倒地、意识丧失、流涎、四肢划动，症状持续了 10min 左右。以后没有再发生过癫痫。

病犬食欲下降，腹部明显胀大。粪便性状正常，但 2d 才排 1 次。饮水和排尿未见异常。病犬曾玩耍玩具，不确定其是否食入玩具碎片。

病犬于 12 周龄时开始被其主人饲养，与其同胎的另一只幼犬也同时被饲养，但另一幼犬健康状况良好。病犬比其他同胎犬瘦小。两只幼犬的接种疫苗记录完整，就诊 2 周前曾用芬苯达唑驱虫。均喂食市售幼犬食品，并补充市售“幼犬牛奶”、鸡肉和米饭。两只幼犬皆无离开英国的记录。

【临床检查】病犬保持警戒且对刺激反应良好，可视黏膜呈粉红色。心跳 152 次/min，呼吸 28 次/min，胸腔听诊无异常发现。腹部触诊无异常。体温 38.6℃。

【实验室检查】血常规检查，红细胞压积降低，MCV 和 MCHC 显著下降。血涂片检查，有中等数量的嗜多染性红细胞和正常红细胞，部分嗜多染性红细胞上可见嗜碱性斑点。生化检查，血清碱性磷酸酶活性升高。

【影像学检查】进行腹部 X 线检查，主要是为了确认有无异物，但除了肝脏中等缩小之外并无异常。腹部超声波发现肝脏较小，但血管没有分流现象。其余的腹腔器官皆正常。

(1)癫痫与呕吐的鉴别是否有利于找到病因？

(2)小细胞低色素贫血是否能为我们指明怀疑对象？

(3)红细胞出现嗜碱性斑点，提示我们应进一步做什么检查？

(4)本病例是一种常见的中毒性疾病，但确诊并不容易，试推断可能是什么物质中毒？

七、专业作文题

材料：

众所周知，《天龙八部》中真正能够“以彼之道，还施彼身”的是王语嫣，而非慕容复。王语嫣为了帮助表哥慕容复，熟读天下武功秘籍，只要你露出一招半式，她就能知道你的武功路数及其破解之法。

不会应用，却有极高的鉴赏能力；不会操作，却能提出可行的破解之法。这为我们从事兽医工作的人提供了莫大的启示：我们能否凭借胸中所学、脑中所想，对疾病性质做出准确的判断，对治疗提出可行的方案？虽为小说，明显虚构，但我对其真实性深信不疑。考古掘墓，谁曾见过千年前的人、物？但是却能加以辨别，靠的就是扎实的基础知识和过人的推断能力。

尽管我现在尚不能对动物疾病做出有效的推断，但我相信这种能力的存在。随着研究的不断深入，以及对兽医具有超级兴趣的天才的诞生，我想这有可能变为现实。

王语嫣的武学推断能力源自原始的一种感情——爱情，而我们凭借对兽医理想的执著追求，不应该有更为充分的发挥吗？

请根据上述材料谈谈你对兽医推理的认识，谈谈你对理论指导实践的认识，谈谈当代大学毕业生是否真的“只懂理论”？王语嫣的论武之道能否为我们兽医所借鉴？字数不少于500字，题目自拟。

第32讲

建立诊断

兽医临床诊断学理论课教案

<table>
<tr><td colspan="2">讲 次</td><td>第32讲 建立诊断</td></tr>
<tr><td colspan="2">教学内容</td><td>1. 建立诊断的方法和原则
2. 鉴别诊断方法解析
3. 论证诊断方法解析</td></tr>
<tr><td rowspan="3">三条原则</td><td>设疑</td><td>1. 建立诊断常用的方法有哪些？应遵循哪些原则？
2. 何为论证诊断，在临床上如何应用？
3. 何为鉴别诊断，在临床上如何应用？</td></tr>
<tr><td>答疑</td><td>1. 解析概念，分析原则
2. 通过病例分析，解析鉴别诊断法在临床上的应用
3. 通过病例分析，解析论证诊断法在临床上的应用</td></tr>
<tr><td>留悬念</td><td>1. 什么情况下用论证诊断？什么情况下用鉴别诊断？什么情况下两种诊断方法通用？
2. 正确诊断必须具备哪些条件？错误诊断常因哪些原因？
3. 正确诊断对于执业兽医有何重要意义？</td></tr>
<tr><td rowspan="3">三种方法</td><td>比喻</td><td>1. 以“按图索骥”喻论证诊断
2. 以“去伪存真”喻鉴别诊断</td></tr>
<tr><td>结构</td><td>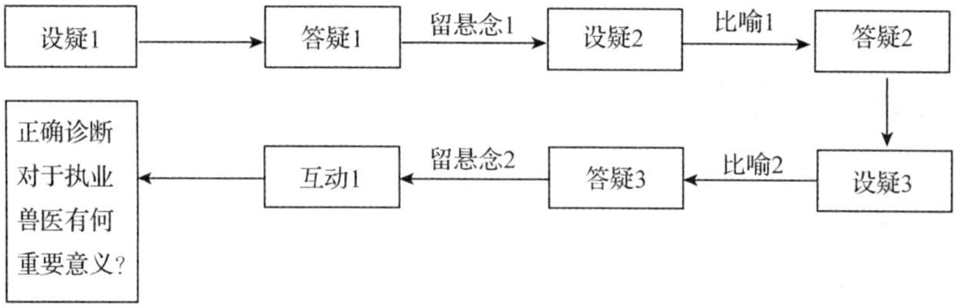
</td></tr>
<tr><td>互动</td><td>1. 正确诊断的条件
2. 错误诊断的原因</td></tr>
<tr><td colspan="2">教学后记</td><td></td></tr>
</table>

一、建立诊断的概念

所谓建立诊断就是临床上对门诊或住院的病畜（禽）应用适当的检查方法，收集症状资料，并通过逻辑思维最后对疾病的本质做出判断。

二、建立诊断的基本方法

1. 论证诊断法

所谓论证，是指对患病畜禽临床检查得到的症状资料分清主次后，依主要症状提出一个具体的疾病，然后将这些症状与所提出的疾病理论上应具有的症状进行对照印证。如果提出的疾病能解释出现的主要症状，且与次要症状不相矛盾，便可建立诊断。

举例：瘤胃臌气。

2. 鉴别诊断

所谓鉴别，诊断法就是先根据一个或几个主要症状提出多个可能的疾病，即这些疾病过程中可能出现一个或多个这样的症状，但究竟是哪一种疾病，须进行类症鉴别，以缩小范围，最后归结到一个（或一个以上）可能性最大的疾病。

举例：动物临床表现呼吸困难，两侧鼻孔流出污秽不洁的鼻液，胸部听诊、叩诊有变化，精神沉郁，体温升高。依此症状可考虑腐败性支气管炎、支气管扩张、副鼻窦坏疽性炎症和坏疽性肺炎。

三、建立诊断的步骤

1. 调查病史，收集症状

调查病史是临床诊断一个很重要的方面，很多情况下，病史资料对诊断起着决定性作用，所以临床诊疗时应重点了解本次发病的病史、既往史、饲养管理情况及环境因素等。但是需要注意的是，病史多半由一些相关的人（如动物主人、饲养员）转述，其真实性需要兽医仔细甄别，否则易在诊断方向上出现南辕北辙的情况。观察不仔细，漏掉重要诊断信息；对动物过于关心，言过其实；怕担责任，故意歪曲事实，都可能发生。因此，需要兽医保持清醒的头脑，收集、过滤对诊断有益的病史信息。

2. 分析症状，建立初步诊断

（1）理清主要症状与次要症状的关系　主要症状有助于诊断，而次要症状往往干扰诊断，因此在症状甄别时，要分清主次，各症状之间要客观统一，不能自相矛盾，否则应考虑数病合并的情况。

（2）理清典型症状与非典型症状的关系　症状不典型是疾病诊断的最大难题，因此需要诊断者于千头万绪中找到蛛丝马迹，最终得出

4. 业务不熟练

由于缺乏临床经验，检查方法不够熟练，检查不充分，认症辨症能力有限，不善于利用实验室检查结果分析病情，诊断思路不开阔，而导致诊断错误。

课后作业

一、名词解释

1. 鉴别诊断 2. 论证诊断 3. 建立诊断

二、填空题

1. 建立诊断的指导思想是________和________。

2. 建立诊断的3个步骤分别________、________和______。

3. 获得正确诊断的条件是________、______和________。

三、选择题

两只幼猫，一母所生，断奶后一直喂食羊肝，两月后突然同时后肢瘫痪，经临床检查无外伤，也无其他全身症状，请问该猫可能患有何种疾病?

A. 佝偻病　　B. 骨软症

C. 脂溶性维生素缺乏　　D. 脂溶性维生素中毒

四、判断题

1. 建立诊断的基本方法是论证诊断和鉴别诊断。(　　)

2. 建立诊断时可用多个诊断分别解释不同症状。(　　)

3. 正确的诊断对于疾病的治疗具有十分重要的意义，因此最好在正确诊断后再进行治疗。(　　)

五、问答题

1. 简述进行临床检查时的准备工作和注意事项。

2. 临床上典型症状对于疾病的诊断有重要意义，但是我们所搜集到的症状往往不是典型症状。试分析临床上不出现典型症状的可能原因。

3. 不管什么疾病，调查病史都是重要的诊断步骤之一，试用实例分析的形式谈一下调查病史对于疾病诊断的重要性。

4. 在生产实践中，极易产生误诊，结合你对兽医临床诊疗工作的理解，谈谈可能导致误诊的原因。

5. 通过“兽医临床诊断学”及其他相关课程的学习，你认为怎样才能做一名合格的兽医?

六、病例分析题

【基本信息】短毛家猫，9月龄，雄性，已绝育，体重3.9kg。

【病史】猫已呕吐5d，呕吐物最初为食物，之后主要为液体。主人介绍病猫食欲废绝、体重减轻，未出现腹泻，但已 2d 没有排粪便了。

病猫幼龄时已接种过疫苗，就诊前 4 个月进行过驱虫，无任何体外寄生虫治疗记录。病猫平日的饮食为猫罐头食品，加上熟火腿、鸡肉和鱿鱼。

就诊前的治疗包括静脉输液、马罗吡坦、阿莫西林克拉维酸钾和雷尼替丁，治疗后呕吐减少且精神良好。对病猫进行胰腺脂肪酶免疫活性反应监测，结果为阴性。之后病猫呕吐出大量绿色含胆汁的液体数次，并出现嗜睡，因此转往专科医院进行治疗。

【临床检查】病猫文静，但保持警戒，身体略瘦，无脱水现象，黏膜呈粉红色。听诊胸部，心跳 185 次/min，胸腔叩诊无异常。触诊腹部病猫出现不安，呼吸频率正常。体温 38.9℃。

【实验室检查】血钾浓度降低，其余指标均在正常范围之内。

【影像学检查】腹部检查发现膀胱前侧第 5 ~6 腰椎处出现波纹状，降结肠腹侧、膀胱前侧与覆盖膀胱影像的小肠出现异常皱褶。

腹部超声检查，可见十二指肠降部出现皱褶，小肠肠管蠕动增加。

(1)分析呕吐的原因，找到可用线索。

(2)血钾降低的原因可能是什么?

(3)X 线检查和超声检查中的“皱褶”有什么提示作用?

七、专业作文题

写一篇不少于 1000 字的作文，题目自拟。内容可以是下面所列的一条或几条:

(1)谈谈你对兽医临床诊断学课程的理解。

(2)谈谈你对课堂教学方法及教学效果的看法。

(3)谈谈你对授课教师的看法。

(4)谈谈你学习该课程的经验与收获。

(5)谈谈教学过程中各方面存在的不足。